自分で選べる
パソコン到達点

これからはじめる

パワーポイントの本

Office 2021／2019／2016／Microsoft 365 対応版

JN013919

技術評論社

本書の特徴

- 最初から通して読むと、体系的な知識・操作が身に付きます。
- 読みたいところから読んでも、個別の知識・操作が身に付きます。
- ダウンロードした練習ファイルを使って学習できます。

▶ 本書の使い方

本文は、01、02、03…の順番に手順が並んでいます。この順番で操作を行ってください。
それぞれの手順には、❶、❷、❸…のように、数字が入っています。
この数字は、操作画面内にも対応する数字があり、操作を行う場所と、操作内容を示しています。

● この章で学ぶこと

具体的な操作方法を解説する章の冒頭の見開きでは、その章で学習する内容をダイジェストで説明しています。このページを見て、これからやることのイメージを掴んでから、実際の操作にとりかかりましょう。

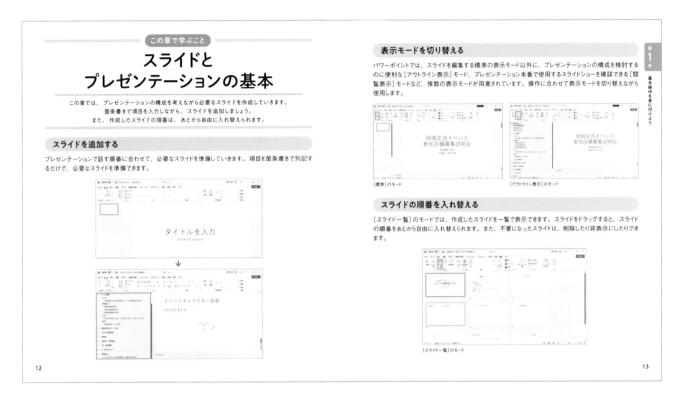

動作環境について

・ 本書は、PowerPoint 2021とPowerPoint 2019、およびMicrosoft 365のPowerPointを対象に、操作方法を解説しています。
・ 本文に掲載している画像は、Windows 11とPowerPoint 2021の組み合わせで作成しています。PowerPoint 2019では、操作や画面に多少の違いがある場合があります。詳しくは、本文中の補足解説を参照してください。
・ Windows 11以外のWindowsを使って、PowerPoint 2021やPowerPoint 2019を動作させている場合は、画面の色やデザインなどに多少の違いがある場合があります。

練習ファイルの使い方

▶ 練習ファイルについて

本書の解説に使用しているサンプルファイルは、以下のURLからダウンロードできます。

https://gihyo.jp/book/2023/978-4-297-13491-4/support

練習ファイルと完成ファイルは、レッスンごとに分けて用意されています。たとえば、「2-3　スライドを追加しよう」の練習ファイルは、「02-03a」という名前のファイルです。また、完成ファイルは、「02-03b」という名前のファイルです。

▶ 練習ファイルをダウンロードして展開する

ブラウザー（ここではMicrosoft Edge）を起動して、上記のURLを入力し❶、 Enter キーを押します❷。

表示されたページにある［ダウンロード］欄の［練習ファイル］を左クリックします❶。

ファイルがダウンロードされます。[ファイルを開く]を左クリックします❶。

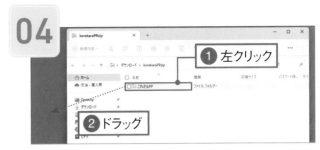

エクスプローラーの画面が開くので、表示されたフォルダーを左クリックして❶、デスクトップの何もない場所にドラッグします❷。

展開されたフォルダーがデスクトップに表示されます。×を左クリックして❶、エクスプローラーの画面を閉じます。

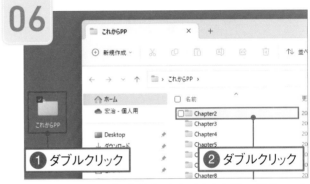

展開されたフォルダーをダブルクリックします❶。章のフォルダーが表示されるので、章のフォルダーの1つをダブルクリックします❷。

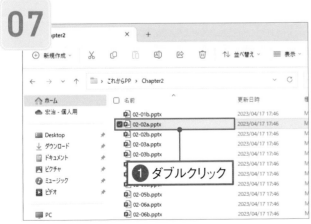

レッスンごとに、練習ファイル（末尾が「a」のファイル）と完成ファイル（末尾が「b」のファイル）が表示されます。ダブルクリックすると❶、パワーポイントで開くことができます。

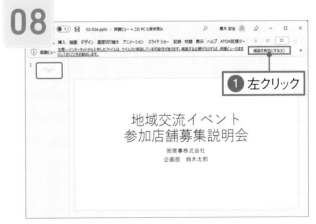

練習ファイルを開くと、図のようなメッセージが表示されます。[編集を有効にする]を左クリックすると❶、メッセージが閉じて、本書の操作を行うことができます。

Contents

本書の特徴 ……………………………………………………………… 2

練習ファイルの使い方 …………………………………………………… 4

Chapter 1 基本操作を身に付けよう

この章で学ぶこと　パワーポイントの基本操作を知ろう ……………… 12

1-1　パワーポイントを起動・終了しよう ……………………………… 14

1-2　パワーポイントの画面の見方を知ろう …………………………… 16

1-3　ファイルを保存しよう ……………………………………………… 18

1-4　保存したファイルを開こう ………………………………………… 20

練習問題 …………………………………………………………………… 22

Chapter 2 スライドを作ろう

この章で学ぶこと　スライドとプレゼンテーションの基本を知ろう … 24

2-1　スライドに文字を入力しよう ……………………………………… 26

2-2　スライドを追加しよう ……………………………………………… 28

2-3　文字を削除／挿入しよう …………………………………………… 30

2-4　箇条書きに階層を付けよう ………………………………………… 32

2-5　プレゼンテーションの構成を考えよう …………………………… 34

2-6　スライドの順序を入れ替えよう …………………………………… 38

2-7　スライドを削除しよう ……………………………………………… 40

練習問題 …………………………………………………………………… 42

Chapter 3　スライドのデザインを変更しよう

この章で学ぶこと　スライドのデザインを変更しよう ………………………… 44

3-1　スライドのデザインを決めよう ………………………………………………… 46

3-2　バリエーションを変更しよう ………………………………………………… 48

3-3　文字の形や大きさを調整しよう ………………………………………………… 50

3-4　文字に色を付けよう ………………………………………………………… 52

3-5　文字に飾りを付けよう ………………………………………………………… 54

3-6　文字のスタイルを変更しよう ………………………………………………… 56

3-7　箇条書きのデザインを変更しよう ……………………………………………… 58

3-8　すべてのスライドに連番や日付を付けよう …………………………………… 60

練習問題 ………………………………………………………………………………… 62

Chapter 4　表やグラフを作ろう

この章で学ぶこと　表やグラフを作ろう ………………………………………… 64

4-1　表を作成しよう ……………………………………………………………… 66

4-2　行や列を削除／追加しよう ………………………………………………… 68

4-3　表の幅を変更しよう ………………………………………………………… 70

4-4　表の見た目を変えよう ……………………………………………………… 72

4-5　グラフを作成しよう ………………………………………………………… 74

4-6　グラフの見た目を変更しよう ……………………………………………… 76

4-7　エクセルの表を貼り付けよう ……………………………………………… 78

練習問題 ………………………………………………………………………………… 80

Chapter **5** スライドに入れる図を作ろう

この章で学ぶこと　図形やSmartArtで図を作ろう ······· 82

5-1　矢印を描こう ·· 84

5-2　文字入りボックスを描こう ····························· 86

5-3　図形のサイズと位置を変えよう ························· 90

5-4　図形の見た目を変えよう ······························ 92

5-5　SmartArtで図を作ろう ······························· 94

5-6　SmartArtに文字を入力しよう ························· 96

5-7　SmartArtの見た目を変えよう ························· 98

練習問題 ·· 100

Chapter **6** イラスト・写真・動画を利用しよう

この章で学ぶこと　イラストや写真などを追加しよう ······ 102

6-1　イラストを挿入しよう ································· 104

6-2　イラストの大きさや配置を変えよう ···················· 106

6-3　写真を貼り付けよう ··································· 108

6-4　写真を加工しよう ····································· 110

6-5　動画を貼り付けよう ··································· 114

6-6　動画の再生方法を指定しよう ·························· 118

6-7　音声ファイルを貼り付けよう ·························· 120

練習問題 ·· 122

Chapter 7 アニメーションを活用しよう

この章で学ぶこと

画面切り替え効果とアニメーション効果を設定しよう ……………………… 124

7-1 スライドの切り替え時に動きを付けよう ……………………… 126

7-2 文字を順番に表示しよう ……………………… 128

7-3 グラフにアニメーションを設定しよう ……………………… 130

7-4 図を順番に表示しよう ……………………… 134

7-5 動かすタイミングを指定しよう ……………………… 138

練習問題 ……………………… 140

Chapter 8 プレゼンテーションを実行しよう

この章で学ぶこと

スライドショーを実行しよう ……………………… 142

8-1 ノートを作成しよう ……………………… 144

8-2 配布資料を印刷しよう ……………………… 146

8-3 リハーサルを行おう ……………………… 148

8-4 プロジェクターを設定しよう ……………………… 150

8-5 プレゼンテーションを実行しよう ……………………… 152

練習問題の解答・解説 ……………………… 156

索引 ……………………… 158

基本操作を
身に付けよう

この章では、パワーポイントの基本を紹介します。パワーポイントを起動して、画面各部の名称や役割を知りましょう。ファイルの保存や、保存したファイルを開くなど、ファイル操作も確認します。今後の基本となる操作なので、しっかりマスターしましょう。

パワーポイントの基本操作を知ろう

この章では、 起動方法や終了方法など、 パワーポイントの基本操作を紹介します。
パワーポイントでは、 複数のスライドでできたプレゼンテーション資料を作成できます。
まずは、 プレゼンテーション資料の作成手順をイメージしましょう。

スライドとは

スライドとは、画面やスクリーンなどに大きく表示する1枚のシートのようなものです。プレゼンテーション本番では、1枚ずつスライドをめくりながら説明をしていきます。

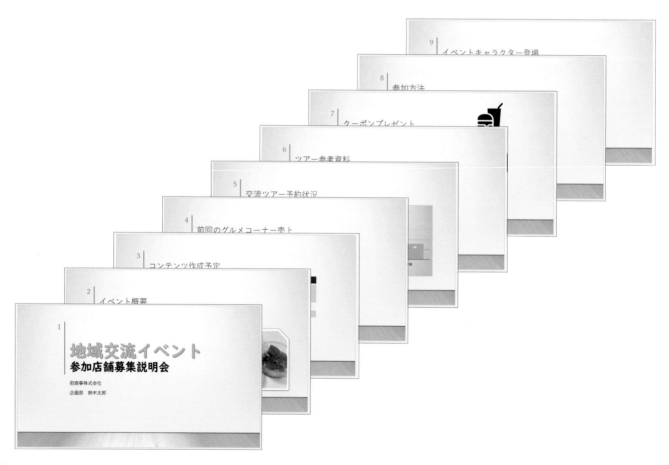

プレゼンテーション資料の作成手順

パワーポイントで、いちからプレゼンテーション資料を作成して、プレゼンテーションを実行するまでには、さまざまな準備が必要です。一般的には、次のようなことを行います。

1. 骨格を作る

プレゼンテーションで伝えたい内容をわかりやすく伝えられるように、ストーリーに合わせてスライドを作成します。本書では、箇条書きで内容を入力しながら、複数のスライドを一気に作成します。

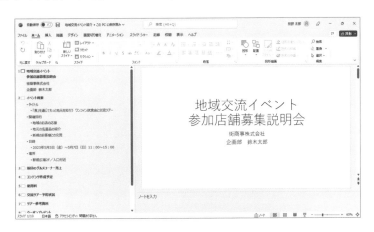

2. スライドの内容を作る

スライドには、文字以外に表やグラフ、図、写真、動画、音楽などを入れられます。伝えたい内容がわかりやすく伝えられるように、さまざまな素材を活用しましょう。

3. 本番に備えて準備をする

スライドでは、話のタイミングに合わせて図や写真などを順番に表示するアニメーションという動きを付けられます。プレゼンテーションがうまくいくように演出し、リハーサルも行います。また、配布資料や自分用のノートを用意することもできます。

練習ファイル ： なし　　完成ファイル ： なし

パワーポイントを起動・終了しよう

スタートメニューからパワーポイントを起動します。
白紙のスライドを用意してスライドを作成する準備をします。
また、パワーポイントを終了する方法も紹介します。

01 スタートメニューを表示する

■（［スタート］ボタン）を左クリックします❶。
すべてのアプリ を左クリックします❷。

Memo

Windows 10を使用している場合は、スタートボタンを左クリックして、表示されるアプリ一覧からパワーポイントの項目を左クリックします。

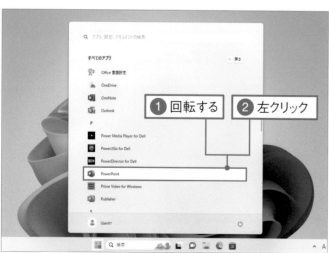

02 パワーポイントを起動する

マウスポインターをスタートメニューの中に移動して、マウスホイールを回転します❶。
PowerPoint を左クリックします❷。

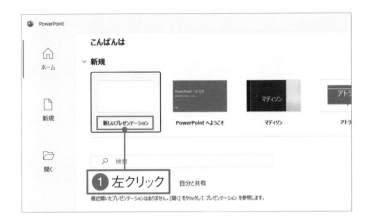

03 新規ファイルを準備する

パワーポイントが起動しました。 新しいプレゼンテーション を左クリックします❶。

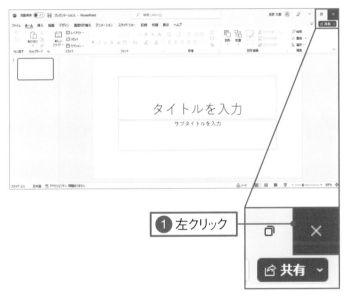

04 パワーポイントを終了する

新しいファイルが表示されます。 パワーポイントを終了するには、ウィンドウの右上の ☒ ([閉じる] ボタン) を左クリックします❶。

Check!

終了時にメッセージが表示された場合

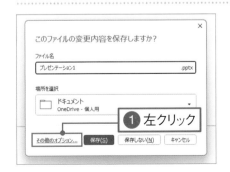

手順 04 で ☒ ([閉じる] ボタン) を左クリックしたときに、次のような画面が表示される場合があります。 これは、マイクロソフトアカウントでサインインしているとき (17 ページ参照)、ファイルを保存せずにパワーポイントを終了しようとしたときに表示されるメッセージで、OneDriveにファイルを保存したりするときに使用します。 18 ページの方法でファイルを保存するには、 その他のオプション... を左クリックします❶。

1-2

練習ファイル：なし　　完成ファイル：なし

パワーポイントの画面の
見方を知ろう

パワーポイントの画面各部の名称と役割を確認しましょう。

名称を忘れてしまった場合は、 このページに戻って確認します。

なお、 画面は、 ウィンドウの大きさなどによって異なる場合もあります。

パワーポイントの画面構成

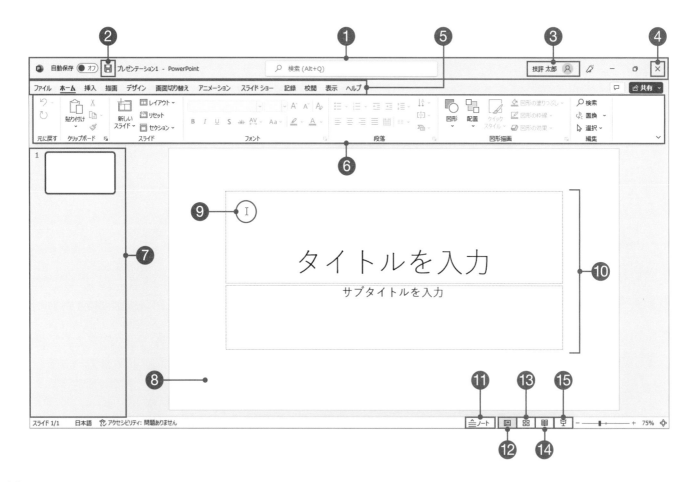

① タイトルバー

ファイルの名前が表示されるところです。

② 上書き保存

ファイルを上書きして保存します。

Memo

画面の左上には、よく使うボタンを配置するクイックアクセスツールバーを表示できます。パワーポイント2019を使用している場合は、クイックアクセスツールバーに［上書き保存］ボタンが表示されます。クイックアクセスツールバーは、タブやリボンを右クリックすると表示されるメニューから、表示するかどうかを切り替えられます。

③ ユーザーアカウント

マイクロソフトアカウントでOfficeソフトにサインインしているとき、アカウントの氏名が表示されます。サインインしていない場合は、同じ場所に表示される を左クリックしてサインインできます。

Memo

マイクロソフトアカウントとは、マイクロソフト社が提供するさまざまなサービスを利用するときに使うアカウントです。無料で取得できます。パワーポイントなどのOfficeソフトにマイクロソフトアカウントでサインインすると、OneDriveというインターネット上のファイル保存スペースにファイルを保存して利用できます。

④ ［閉じる］ボタン

パワーポイントを終了するときに使います。

⑤ タブ／⑥ リボン

パワーポイントで実行する機能が、「タブ」ごとに分類され、リボンに表示されています。

⑦ スライドのサムネイル

プレゼンテーションのすべてのスライドの縮小図が表示されます。

⑧ スライドペイン

スライドのサムネイル（⑦）で選択されているスライドの内容が表示されます。

⑨ マウスポインター

マウスの位置を示しています。マウスポインターの形はマウスの位置によって変わります。

⑩ プレースホルダー

タイトルや箇条書きの文字、写真や表などを入れる枠です。

⑪ ノート

ノートを入力する領域の表示／非表示を切り替えます。

⑫ 標準

標準表示モードとアウトライン表示モードを切り替えます。

⑬ スライド一覧

スライド一覧表示モードに切り替えます。

⑭ 閲覧表示

スライドをウィンドウいっぱいに表示します。

⑮ スライドショー

スライドショーの表示モードに切り替えます。

ファイルを保存しよう

ファイルをあとでまた使えるようにするには、ファイルを保存します。
ファイルを保存するときは、保存場所とファイル名を指定します。
ここでは、自分のパソコンの「ドキュメント」フォルダーに保存します。

01 保存の準備をする

［ファイル］タブを左クリックします❶。
Backstageビューが表示されます。

Memo

「ファイル」タブを左クリックすると、ファイルの基本操作
などを行う、Backstage ビューという画面が表示されます。
Backstage ビューに表示される内容は、パワーポイント
のバージョンによって若干異なります。

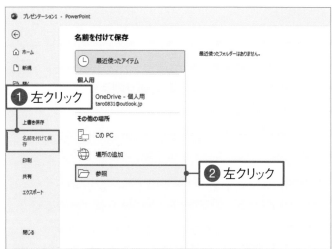

02 保存の画面を開く

名前を付けて保存 を左クリックします❶。 参照 を左
クリックします❷。

Memo

ここでは、［ドキュメント］フォルダーに「保存の練習」とい
う名前でファイルを保存します。

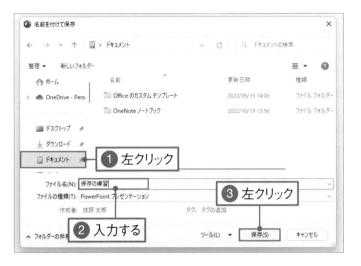

03　名前を付けて保存する

[ドキュメント] を左クリックします❶。[ファイル名] の欄にファイルの名前を入力します❷。[保存(S)] を左クリックします❸。

Memo

[名前を付けて保存]の画面にフォルダー一覧が表示されていない場合は、画面の左下の [フォルダーの参照(B)] を左クリックします。

04　ファイルが保存された

ファイルが保存されました。タイトルバーにファイル名が表示されます。15ページの方法で、パワーポイントを終了します。

Memo

Backstageビューの画面を閉じて元の画面に戻るには、画面左上の を左クリックします。

Check!

ファイルを上書き保存する

一度保存したファイルを修正したあと、更新して保存するには、画面左上の [上書き保存] ボタン）を左クリックします❶。すると、ファイルが上書き保存されます。ファイルを修正後、上書き保存せずに ✕ [閉じる] ボタン）を左クリックすると、ファイルを保存するかを問うメッセージが表示されます。その場合は、画面の指示に従って保存するかどうか指定します。

保存したファイルを開こう

保存したファイルを呼び出して表示することを、「ファイルを開く」といいます。
ファイルを開くときは、 保存先とファイル名を指定します。
ここでは、 18ページで保存したファイルを開いてみましょう。

01 ファイルを開く準備をする

14ページの方法で、 パワーポイントを起動しておきます。 [ファイル] タブを左クリックします❶。

> **Memo**
>
> デスクトップやエクスプローラーに表示される保存したファイルのアイコンをダブルクリックしても、 ファイルを開くことができます。

02 ファイルを開く画面を表示する

［開く］ を左クリックします❶。 ［参照］ を左クリックします❷。

> **Memo**
>
> パワーポイントを起動した直後に表示される画面の左側の ［開く］ を左クリックしても、 ファイルを開くことができます。

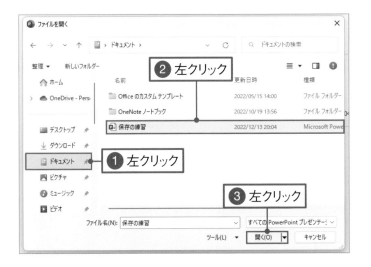

03 ファイルを開く

■ ドキュメント を左クリックします❶。開くファイル
を左クリックします❷。 開く(O) ▼ を左クリックし
ます❸。

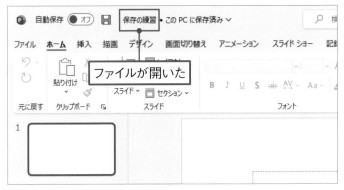

04 ファイルが開いた

ファイルが開きました。タイトルバーにファイル
名が表示されます。

Check!

一覧からファイルを開く

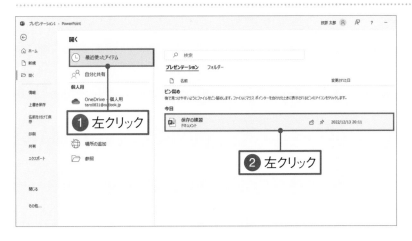

手順 02 の画面で ⏱ 最近使ったアイテム を左ク
リックすると❶、最近使用したファイル
の一覧が表示されます。開きたいファ
イルが表示されている場合、ファイル
名を左クリックすると❷、ファイルが開
きます。

第1章 練習問題

1 スタートメニューを表示するときに左クリックするボタンはどれですか?

1 　　　2 A　　　3

2 パワーポイントを終了するときに左クリックするボタンはどれですか?

1 　　　2 　　　3 ✕

3 ファイルを開くなど、ファイルに関する基本操作を行うときに左クリックするタブはどれですか?

1 ファイル　　　2 ホーム　　　3 挿入

22

スライドを作ろう

この章では、パワーポイントでプレゼンテーション資料を作成する基本手順を紹介します。パワーポイントでは、スライドというシートを利用してプレゼンテーション資料を作成します。プレゼンテーションの構成に沿って、必要なスライドを準備しましょう。

スライドとプレゼンテーションの基本を知ろう

この章では、 プレゼンテーションの構成を考えながら必要なスライドを作成します。
箇条書きで項目を入力しながら、 スライドを追加しましょう。
また、 作成したスライドの順番は、 あとから自由に入れ替えられます。

スライドを追加する

プレゼンテーションで話す順番に合わせて、 必要なスライドを準備します。 項目を箇条書きで列記するだけで、 必要なスライドを準備できます。

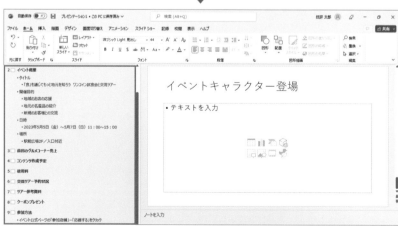

表示モードを切り替える

パワーポイントでスライドを編集するときは、主に［標準表示］という表示モードを使用します。表示モードには、ほかにも、プレゼンテーションの構成を検討するのに便利な［アウトライン表示］、スライドをウィンドウいっぱいに表示して順に確認する［閲覧表示］、プレゼン本番で使う［スライドショー］などがあります。操作に合わせて表示モードを切り替えながら使用します。

［標準表示］のモード　　　　　　　　　　　　　　　　　　［アウトライン表示］のモード

スライドの順番を入れ替える

［スライド一覧表示］のモードでは、作成したスライドを一覧で表示できます。スライドをドラッグすると、スライドの順番をあとから自由に入れ替えられます。また、不要になったスライドは、削除したり非表示にしたりできます。

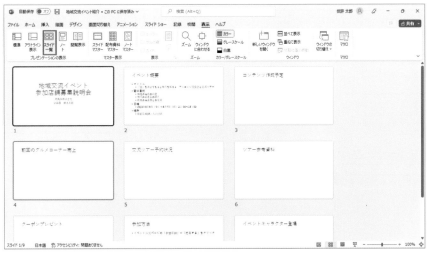

［スライド一覧表示］のモード

練習ファイル ： なし　　完成ファイル ： O2-O1b

スライドに文字を入力しよう

タイトルのスライドにプレゼンテーションのタイトル文字を入力します。
また、サブタイトルを入力する欄に、ここでは、自分の氏名を入力します。
プレースホルダーという枠を左クリックして文字を入力します。

タイトルを入力する

01 プレースホルダーを選択する

14ページの方法でパワーポイントを起動し、新しいファイルを準備します。「タイトルを入力」と表示されている枠内を左クリックします❶。

Memo

文字や表、イラストなどを入れる枠のことをプレースホルダーといいます。タイトルのスライドには、あらかじめ2つのプレースホルダーが表示されています。

02 文字を入力する

タイトルの文字を入力します❶。Enterキーを押します❷。続きの文字を入力します❸。

サブタイトルを入力する

01 プレースホルダーを選択する

「サブタイトルを入力」と表示されている枠内を左クリックします❶。

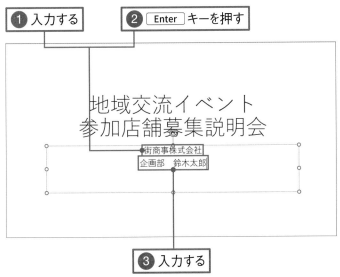

02 文字を入力する

サブタイトルの文字を入力します❶。「Enter」キーを押します❷。続きの文字を入力します❸。

03 文字が入力できた

プレースホルダーの枠以外の空いているところを左クリックします❶。プレースホルダーの選択が解除されます。スライドに文字が入力できました。

スライドを追加しよう

1枚目のタイトルのスライドの後ろに、新しいスライドを追加しましょう。
ここでは、「タイトルとコンテンツ」のスライドを追加します。
スライドを追加したあとは、プレースホルダーに文字を入力します。

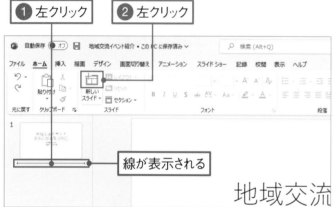

01 追加する場所を指定する

スライドを追加する箇所を左クリックします❶。
目安の線が表示されます。[ホーム]タブ
の 🖿 ([新しいスライド]ボタン)を左クリックし
ます❷。

02 スライドが追加された

新しいスライドが追加されます。「タイトルスラ
イド」のあとにスライドを追加すると、タイトル
とコンテンツを入れる2つのプレースホルダー
を含む「タイトルとコンテンツ」のスライドが追
加されます。「タイトルを入力」と書かれている
プレースホルダー内を左クリックします❶。

Memo
スライドを追加する場所を指定しなかった場合は、選択し
ているスライドの後ろに新しいスライドが追加されます。

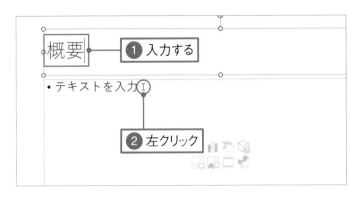

03 タイトルを入力する

スライドのタイトルを入力します❶。「テキストを入力」と書かれているプレースホルダー内を左クリックします❷。

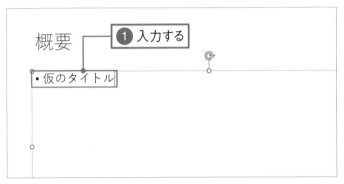

04 文字を入力する

左のように文字を入力します❶。

Check!

スライドのレイアウトについて

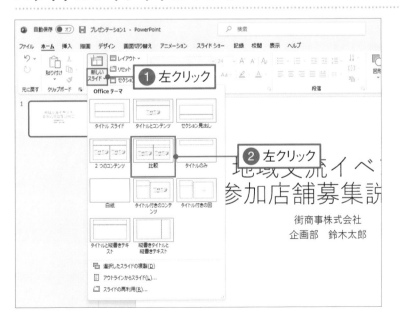

プレースホルダーの配置案のパターンを、スライドレイアウトといいます。手順 01 で[ホーム]タブの 新しいスライド（[新しいスライド]ボタン）下の▼を左クリックすると❶、スライドのレイアウト一覧が表示されます。レイアウトを左クリックすると❷、指定したレイアウトのスライドを追加できます。

練習ファイル : 02-03a　完成ファイル : 02-03b

文字を削除／挿入しよう

プレースホルダーに入力した文字を修正します。
入力した文字を選択して削除したり、 文字を追加したりしてみましょう。
文字を編集するときは、 文字カーソルの位置に注目して操作します。

文字を削除する

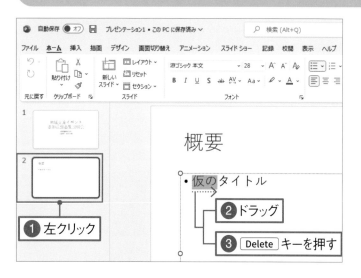

01 文字を選択する

2枚目のスライドを左クリックします❶。 削除する文字の左端にマウスポインターを移動し、消したい文字をドラッグして選択します❷。 Delete キーを押します❸。

02 文字が削除された

選択していた文字が削除されます。

> **Memo**
> 文字を削除するには、消したい文字の左側を左クリックして Delete キーを押す方法もあります。 Delete キーを押すたびに1文字ずつ削除できます。また、Back space キーを押すと、文字カーソルの左の文字が削除されます。

文字を追加する

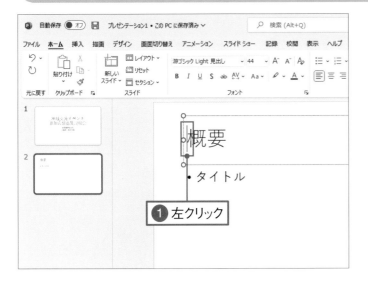

01 文字カーソルを移動する

文字を追加する場所を左クリックします❶。
文字カーソルが表示されます。

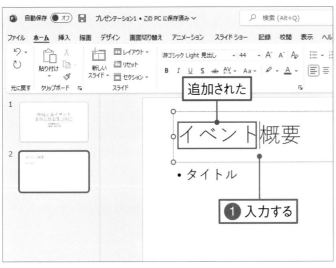

02 文字を追加する

文字を入力します❶。文字カーソルの位置に
文字が表示されます。

Check!

操作を元に戻す

間違った操作をしたときなどは、操作を元に戻すことができます。それには、間違った操作をした直後に [ホーム]
タブ (または、[クイックアクセスツールバー]) の 🔄 ([元に戻す] ボタン) を左クリックします。左クリックするたびに、
遡って操作をキャンセルすることができます。また、元に戻し過ぎてしまった場合は、🔄 (やり直し] ボタン) を左クリッ
クします。すると、操作を元に戻す前の状態に戻せます。

練習ファイル：02-04a　完成ファイル：02-04b

箇条書きに階層を付けよう

スライドに箇条書きの文字を入力します。
大見出し、小見出しのように箇条書きの階層を指定しながら文字を入力します。
キーボードで項目のレベルを上げたり下げたりするコツを知りましょう。

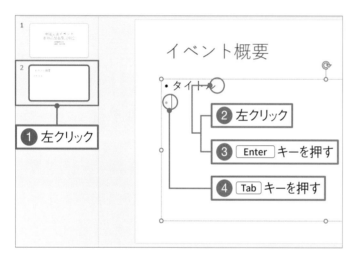

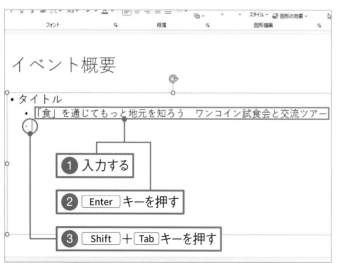

01 項目を入力する 準備をする

2枚目のスライドを左クリックします❶。項目の末尾を左クリックし❷、 Enter キーを押します❸。次の行の行頭に文字カーソルが移動します。行頭で Tab キーを押します❹。

> **Memo**
>
> 行頭で Tab キーを押すと、箇条書きの項目の階層のレベルが下がります。レベルは9段階まで設定できます。

02 下の階層の文字を 入力する

文字の先頭位置が下がります。文字を入力します❶。 Enter キーを押します❷。次の行に文字カーソルが移動します。文字の先頭位置は前の項目と同じ位置になります。次の行の行頭で Shift ＋ Tab キーを押します❸。

> **Memo**
>
> 行頭で Shift ＋ Tab キーを押すと、箇条書きの項目の階層のレベルが上がります。

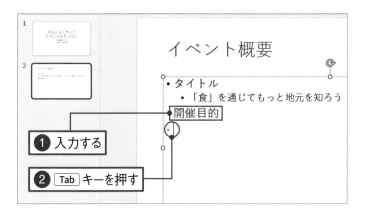

03 上の階層の文字を入力する

項目の階層のレベルが上がります。項目を入力して、[Enter]キーを押します❶。行頭で[Tab]キーを押します❷。

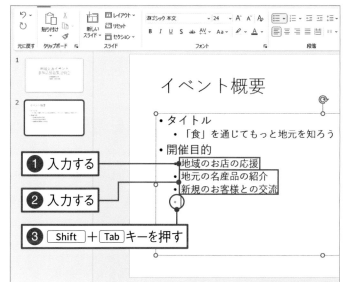

04 下の階層の文字を入力する

文字を入力します❶。[Enter]キーを押して改行し、文字を入力します❷。行頭で[Shift]＋[Tab]キーを押します❸。

Memo

項目の階層のレベルを下げるには、項目内を左クリックして[ホーム]タブの▤（[インデントを増やす]ボタン）を左クリックする方法もあります。また、項目の階層のレベルを上げるには、項目内を左クリックして[ホーム]タブの▤（[インデントを減らす]ボタン）を左クリックする方法もあります。

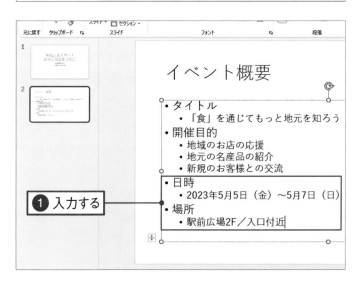

05 続きの文字を入力する

項目の階層のレベルが上がります。左のように文字を入力します❶。[Tab]キーや[Shift]＋[Tab]キーを押して項目のレベルを上げたり下げたりしながら文字を入力します。

Memo

箇条書きの項目を入れ替えるには、行頭の記号にマウスポインターを移動して、移動先に向かって上下にドラッグします。

練習ファイル：02-05a　完成ファイル：02-05b

プレゼンテーションの構成を考えよう

プレゼンテーションのあらすじに沿って複数のスライドを準備します。
ここからは、 アウトライン表示モードに切り替えて操作します。
キーボードから、 項目のレベルを上げたり下げたりできるようにします。

アウトライン表示モードにする

イベント概要

- タイトル
  - 「食」を通じてもっと地元を知ろう　ワンコイン試食会と
- 開催目的
  - 地域のお店の応援
  - 地元の名産品の紹介
  - 新規のお客様との交流
- 日時
  - 2023年5月5日（金）〜5月7日（日）11：00〜15：00
- 場所
  - 駅前広場2F／入口付近

❶ 左クリック

ピリティ: 問題ありません　　　　　　　　　　　　　　　　　🔲ノート 🔳

01 表示モードを切り替える

画面下の 🔳（［標準］ボタン）を左クリックします❶。

Memo
アウトライン表示に切り替えるには、［表示］タブの 🔳（［アウトライン表示］ボタン）を押す方法もあります。

イベント概要

- タイトル
  - 「食」を通じてもっと地元を知ろう　ワンコイン試食会と交
- 開催目的
  - 地域のお店の応援
  - 地元の名産品の紹介
  - 新規のお客様との交流
- 日時
  - 2023年5月5日（金）〜5月7日（日）11：00〜15：00
- 場所
  - 駅前広場2F／入口付近

❶ 左クリック

ノートを入力
ピリティ: 問題ありません　　　　　　　　　　　　　　　　　🔲ノート 🔳

02 アウトライン表示にする

ノート欄が表示されます。 もう一度、 画面下の 🔳（［標準］ボタン）を左クリックします❶。

Memo
ノート欄が既に表示されている場合は、 手順01の操作だけでアウトライン表示に切り替わります。 なお、 ノート欄を表示するには、 画面下の 🔲ノート（［ノート］ボタン）を左クリックする方法もあります。

構成を考える

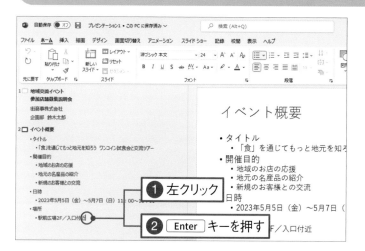

01 項目の末尾を選択する

アウトライン表示の画面では、左側にスライドのタイトルや箇条書きの文字が表示されます。左側の2枚目のスライドの項目の末尾を左クリックします❶。 Enter キーを押します❷。

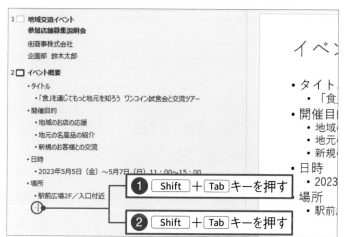

02 新しいスライドを追加する

次の行の行頭に文字カーソルが移動します。 Shift ＋ Tab キーを押します❶。 もう一度、 Shift ＋ Tab キーを押します❷。

Memo
箇条書きのレベル2の項目の行頭に文字カーソルがある状態で Shift ＋ Tab キーを押すと、箇条書きのレベルが1つ上がりレベル1の項目になります。

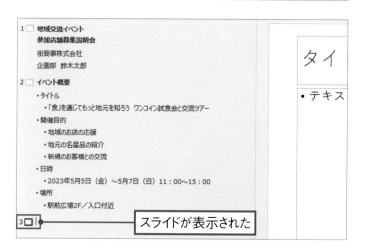

03 スライドが追加された

新しいスライドが追加されます。

Memo
箇条書きの一番上のレベルの行頭に文字カーソルがある状態で、 Shift ＋ Tab キーを押すと、新しいスライドが追加されます。

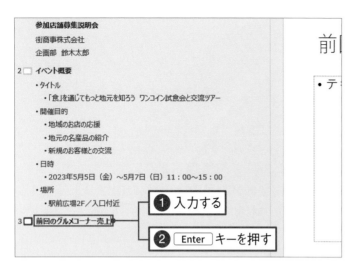

04 タイトルを入力する

スライドのタイトルを入力します❶。Enterキー
を押します❷。

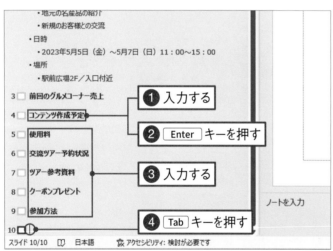

05 スライドを追加する

新しいスライドが追加されます。スライドタイト
ルを入力します❶。Enterキーを押します❷。
同様の方法でスライドを追加しながらスライド
のタイトルを入力します❸。10枚目のスライド
の行頭でTabキーを押します❹。

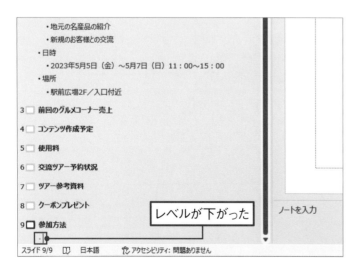

06 箇条書き項目を入力する

箇条書きのレベル1の項目の行頭に文字カー
ソルが移動します。

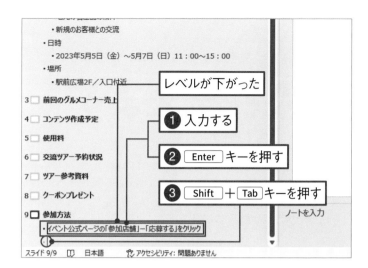

07 続きの項目を入力する

項目を入力します❶。 Enter キーを押します
❷。 行頭で Shift + Tab キーを押します❸。

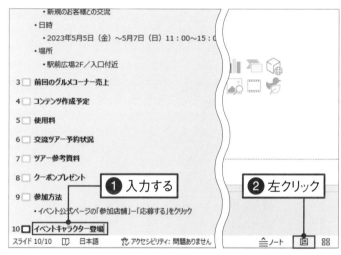

08 スライドが追加された

新しいスライドが追加されます。 スライドタイト
ルを入力します❶。画面下の 回 （[標準] ボ
タン）を左クリックします❷。

09 複数のスライドが追加された

標準表示の表示モードに戻ります。 アウトラ
イン表示で追加した複数のスライドが表示され
ます。

スライドの順序を入れ替えよう

2-6

練習ファイル：02-06a　　完成ファイル：02-06b

スライドの表示順は、 あとから簡単に入れ替えられます。
プレゼンテーションで説明する順番に合わせて表示順を指定します。
ここでは、 表示モードを切り替えて、 スライドの一覧を見ながら操作します。

01　スライド一覧表示にする

画面下の ⊞ （ ［スライド一覧］ ボタン） を左ク
リックします❶。

Memo

スライド一覧表示は、 スライドの縮小図を一覧表示する
表示モードです。 スライドの順番を変更したり、 スライド
全体の構成を確認したりするときに利用すると便利です。

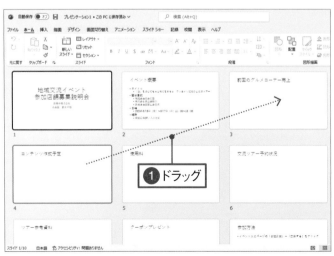

02　スライドを入れ替える

順番を入れ替えるスライドにマウスポインターを
移動し、 移動先に向かってドラッグします❶。

38

03 順番が変わった

スライドの順番が入れ替わりました。

04 標準表示にする

画面下の 回 ([標準] ボタン) を左クリックします❶。すると、元の表示に戻ります。

Check!

標準表示で順番を変更する

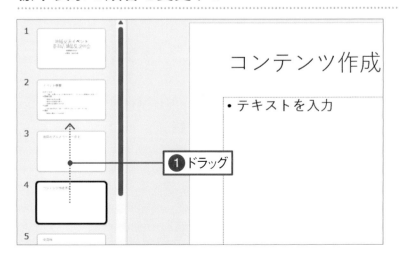

標準表示モードでも、スライドを簡単に入れ替えられます。左側に表示されているスライドの縮小図を移動先に向かってドラッグします❶。

練習ファイル ：02-07a 　完成ファイル ：02-07b

スライドを削除しよう

不要になったスライドを削除する方法を知りましょう。
あとでまた使う可能性がある場合は、 スライドを非表示にしておく方法があります。
非表示スライドは、 スライドショーの表示モードでは表示されません。

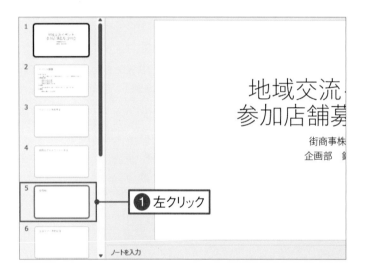

01 削除するスライドを選択する

削除するスライドを左クリックして選択します❶。

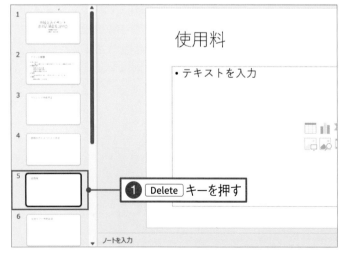

02 スライドを削除する

削除するスライドが選択されました。 [Delete] キーを押します❶。

> **Memo**
> 左側のスライドの縮小図からスライドを左クリックして選択すると、 選択したスライドの内容が中央に表示されます。

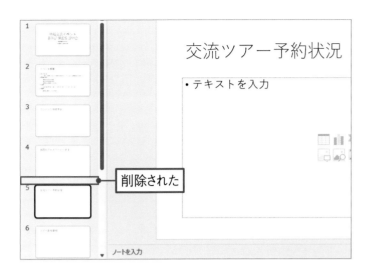

03 スライドが削除された

選択していたスライドが削除されました。

Check!

スライドを非表示にする

不要なスライドでも、あとでまた使う可能性がある場合は、スライドを削除するのではなく非表示にしておくとよいでしょう。非表示スライドは、スライドショー（152ページ参照）では表示されません。非表示スライドにするには、スライドを右クリックし❶、 非表示スライドに設定(H) を左クリックします❷。非表示スライドを解除して元に戻すには、非表示スライドを右クリックし、 非表示スライドに設定(H) を左クリックします。

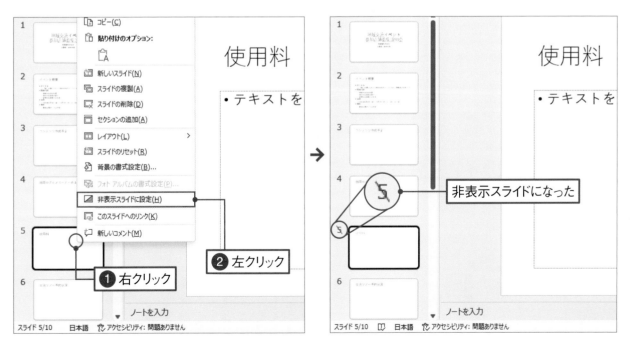

第2章 練習問題

1 新しいスライドを追加するときに左クリックするボタンはどれですか?

① 　　② 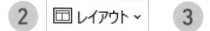　　③

---

2 アウトライン表示で、箇条書きのレベルを下げるにはどのキーを使いますか?

① スペース キー　　② Tab キー　　③ → キー

---

3 スライド一覧表示に切り替えるときに左クリックするボタンはどれですか?

① 回　　② 品　　③ 早

スライドのデザインを変更しよう

この章では、スライド全体のデザインについて紹介します。操作のポイントは、最初に、プレゼンテーションの内容に合わせてテーマや背景などを選択することです。ヘッダーやフッターを設定する画面で、日付や番号を全スライドに表示することもできます。

スライドのデザインを変更しよう

この章では、 スライドの見た目のデザインを変更する方法を紹介します。
まずは、 全体のデザインを管理するテーマを選択します。
続いて、 文字や箇条書きなどの項目に飾りを付けたりして強調します。

テーマを選択する

スライドの背景のデザインや、スライド内で使用する色の組み合わせ、フォントなどのデザイン全体をまとめて変更するには、デザインのテーマを選択します。プレゼンテーションの内容に合わせて選択しましょう。

テーマを選択すると、

スライド全体のデザインが変わる

文字に飾りを付ける

強調したい文字を目立たせるには、文字を選択して飾りを選択します。文字の形や色、太字などの書式を変更する方法を知りましょう。

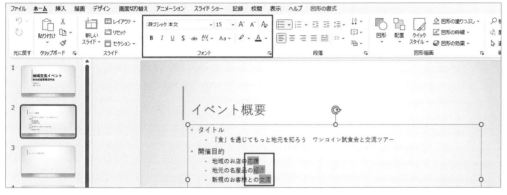

文字を選択して、書式を設定できる

文字を選択すると表示されるショートカットメニューからも書式を設定できる

スライド番号などを指定する

すべてのスライドや配布資料に日付や番号を振るには、スライドの上部（ヘッダー）や下部（フッター）を設定する画面を表示して指定します。

スライドに表示する内容を指定できる

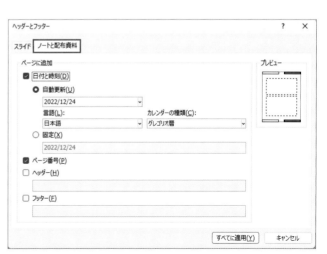

配布資料に表示する内容を指定できる

スライドのデザインを決めよう

スライドの背景や文字の形や大きさなど、 スライドのデザインを指定しましょう。
デザインを一括してコーディネートする役目を持つ「テーマ」という機能を利用します。
テーマを選択するだけで、 全体のデザインを簡単に整えられます。

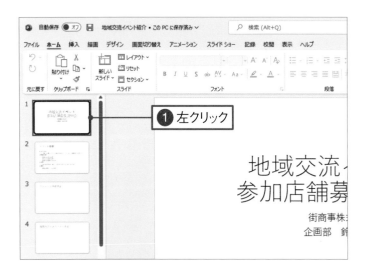

01 スライドを選択する

1枚目のスライドを左クリックして選択します
❶。

02 テーマを表示する

[デザイン] タブを左クリックします❶。 テーマ
の ▽ （ [その他] ボタン） を左クリックします❷。

Memo

テーマとは、 スライドの背景やスライドで使用する色の組
み合わせ、 フォントや図形の質感などのデザインの組み
合わせに名前を付けて登録したものです。

03 テーマを選択する

利用したいテーマにマウスポインターを移動します❶。テーマを適用したときのイメージが表示されます。

04 テーマを決定する

気に入ったテーマを左クリックして選択します❶。

05 テーマが適用された

テーマが適用され、スライド全体のデザインが変わりました。

バリエーションを変更しよう

テーマには、 いくつかのバリエーションが用意されています。
バリエーションを選択すると、 スライドの背景や色の組み合わせなどをまとめて変更できます。
また、 背景のスタイルだけを変更することも可能です。

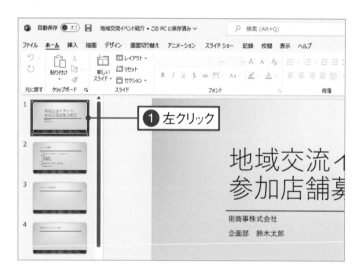

01 スライドを選択する

1枚目のスライドを左クリックして選択します
❶。

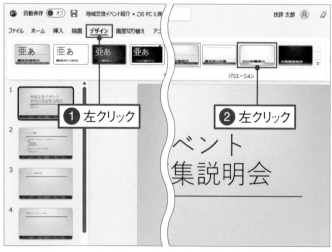

02 バリエーションを選択する

[デザイン]タブを左クリックします❶。バリエーションから気に入ったものを左クリックして選択します❷。

> **Memo**
>
> テーマによっては、スライドの色の組み合わせや背景などのパターンが、複数のバリエーションとして用意されています。

03 バリエーションが変わった

バリエーションが変わりました。色合いなどが変更されます。

バリエーションが変わった

Check!

背景や色の組み合わせなどを変更する

スライドの背景の色や、スライドで使用する色の組み合わせなどを個別に指定するには、バリエーションの ▽（[その他] ボタン）を左クリックします❶。続いて表示される画面で配色や背景のスタイルなどを指定します。たとえば、[背景のスタイル] にマウスポインターを移動すると、背景を左クリックして背景だけを変更したりできます❷。

❶ 左クリック

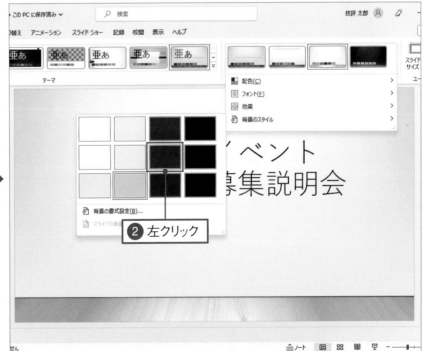

❷ 左クリック

49

文字の形や大きさを調整しよう

タイトルの文字の形（フォント）や大きさを変更します。
まず、文字を選択してから、形や大きさを選びます。
文字が入力されたプレースホルダーを選択し、プレースホルダーごと変更することもできます。

文字の形を変更する

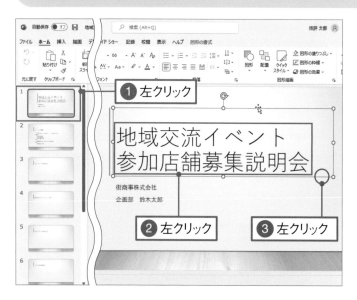

01　文字を選択する

文字が入力されているスライドを左クリックします❶。ここでは、タイトル文字が入力されているプレースホルダーを左クリックし❷、外枠を左クリックして選択します❸。

Memo

タイトルが入力されているプレースホルダー内の文字の形や大きさをまとめて指定するには、プレースホルダーの外枠部分を左クリックしてプレースホルダー全体を選択してから文字の形や大きさを変更します。

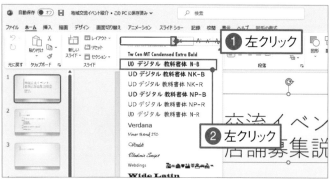

02　文字の形を指定する

［ホーム］タブの 游ゴシック Light 見出し （［フォント］ボタン）右側の ⌄ を左クリックします❶。文字の形を選び左クリックします❷。

大きさを変更する

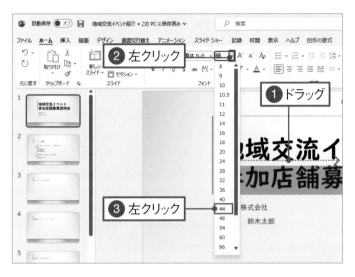

01 大きさを指定する

大きさを変更する文字をドラッグして選択します❶。[ホーム]タブの ⌷66⌷ ([フォントサイズ]ボタン) 右側の ⌄ を左クリックします❷。文字の大きさを選び左クリックします❸。

> **Memo**
>
> 文字の大きさは、ポイントという単位で指定します。1ポイントは約0.35mm (1/72インチ) なので10ポイントで3.5mmくらいの大きさです。

02 形や大きさが変わった

選択していた文字の形や大きさが変わりました。

Check!

文字サイズをひと回りずつ大きくする

箇条書きの項目の文字は、項目のレベルによって文字サイズが異なる場合があります。文字の大きさの違いを保ったまま文字をひと回りずつ大きくするには、プレースホルダーの外枠部分を左クリックしてプレースホルダーを選択します❶。続いて、[ホーム]タブの Aˇ ([フォントサイズの拡大] ボタン) を左クリックします❷。Aˇ ([フォントサイズの縮小] ボタン) を左クリックすると、ひと回りずつ文字を小さくします。

文字に色を付けよう

特定のキーワードが目立つように文字の色を変更します。
ここでは、複数の文字を選択してまとめて設定します。
また、同じ書式を別の文字にコピーする方法も覚えましょう。

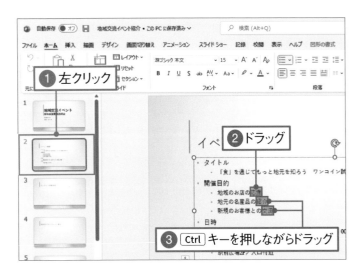

01 複数文字を選択する

文字が入力されているスライドを左クリックします❶。色を変更する文字をドラッグして選択します❷。 Ctrl キーを押しながら同時に選択する文字をドラッグして選択します❸。

> **Memo**
> 複数個所の文字を同時に選択するには、1つめの文字を選択後、 Ctrl キーを押しながら同時に選択する文字をドラッグします。

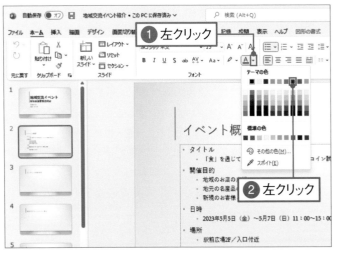

02 色を選択する

[ホーム] タブの A（[フォントの色] ボタン）右側の v を左クリックします❶。色の一覧から色を選び左クリックします❷。

> **Memo**
> [テーマの色] は、選択しているテーマによって異なります。[テーマの色] から色を選択した場合、テーマを変更すると、文字の色が変わる場合があります。

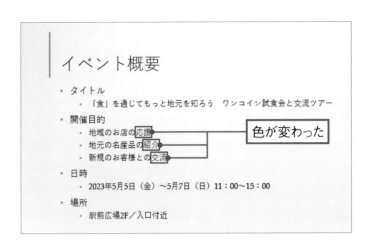

03 色が変わった

文字の色が変わりました。

Check!

書式をコピーする

① 選択する

② ダブルクリック

他の文字と同じ飾りを設定するには、書式をコピーする方法があります。それには、書式をコピーしたい文字を選択し①、[ホーム] タブの ✒ ([書式のコピー／貼り付け] ボタン) をダブルクリックします②。続いて、書式をコピーする文字列をドラッグして順に指定します③④。書式コピーの操作を終えるには、Esc キーを押します⑤。

↓

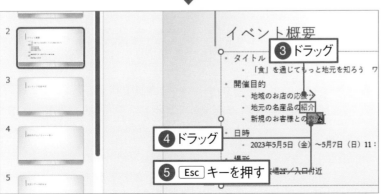

③ ドラッグ

④ ドラッグ

⑤ Esc キーを押す

3-5

練習ファイル：03-05a　　完成ファイル：03-05b

文字に飾りを付けよう

強調したい内容を目立たせるために、文字に太字や下線などの飾りを付けます。
文字を選択して、[太字]や[下線]などのボタンを左クリックします。
複数の飾りを組み合わせて設定することもできます。

文字を太字にする

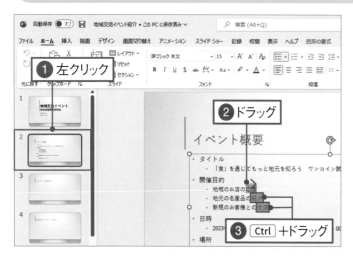

01 文字を選択する

文字が入力されているスライドを左クリックします❶。太字にする文字をドラッグして選択します❷。Ctrlキーを押しながら同時に選択する文字をドラッグします❸。

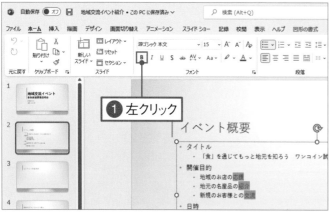

02 文字を太字にする

[ホーム]タブの B（[太字]ボタン）を左クリックします❶。すると、文字が太字になります。

Memo

太字を解除するには、太字の文字を選択して、[ホーム]タブの B（[太字]ボタン）を左クリックします。

文字に下線を付ける

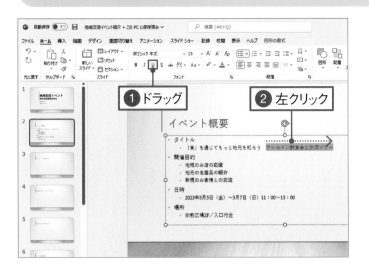

① ドラッグ
② 左クリック

01 文字に下線を付ける

下線を付ける文字をドラッグして選択します❶。[ホーム]タブの U（[下線]ボタン）を左クリックします❷。

> **Memo**
>
> [ホーム]タブの I（[斜体]ボタン）を左クリックすると、文字を斜めに傾ける斜体の飾りを付けられます。ただし、斜体を設定できないフォントもあります。

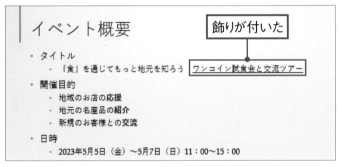

飾りが付いた

02 文字に飾りが付いた

文字に下線の飾りが付きました。

Check!

複数の飾りをまとめて解除する

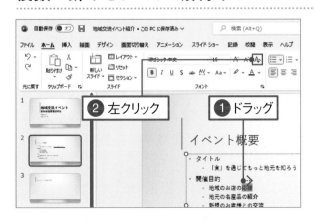

② 左クリック
① ドラッグ

文字に設定したさまざまな書式をまとめて解除するには、対象の文字をドラッグして選択し❶、[ホーム]タブの A♦（[すべての書式のクリア]ボタン）を左クリックします❷。すると、設定済みの書式が解除されます。

文字のスタイルを変更しよう

タイトル文字が目立つように派手に飾りましょう。
ワードアートの機能を利用すると、 文字のデザインを簡単に変更できます。
登録されている飾りの組み合わせから、 文字のデザインを選びます。

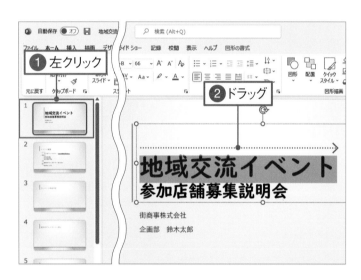

01 文字を選択する

文字が入力されているスライドを左クリックします❶。 文字をドラッグして選択します❷。

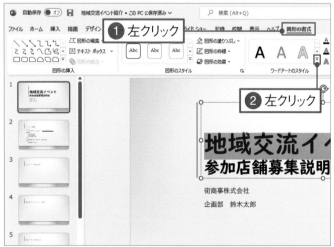

02 スタイルを表示する

[図形の書式]タブを左クリックします❶。[ワードアートのスタイル] の ▽ ([その他] ボタン) を左クリックします❷。

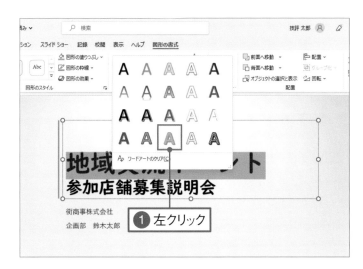

03 スタイルを選択する

スタイルの一覧が表示されます。スタイルを選んで左クリックします❶。

04 スタイルが変わった

文字のスタイルが変更されました。

Check!

ワードアートの文字の図形を挿入する

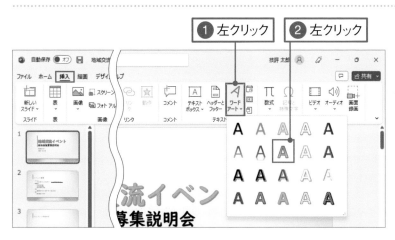

プレースホルダーに入力した文字ではなく、ワードアートのスタイルを適用した文字を新しく作成するには、［挿入］タブの □（［ワードアートの挿入］ボタン）を左クリックします❶。続いてスタイルを選び左クリックします❷。すると、飾りの付いた文字が表示されますので、文字を修正します。

箇条書きのデザインを変更しよう

選択したテーマによっては、箇条書きの先頭の記号が目立たない場合があります。
その場合は、箇条書きの記号を一覧から選んで変更しましょう。
また、行頭に続き番号を振りたい場合は、行頭番号の書式を設定します。

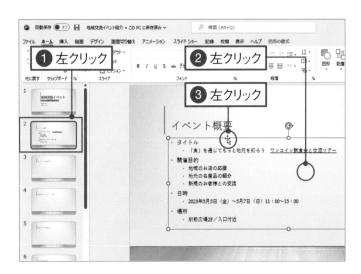

01 プレースホルダーを選択する

箇条書きの項目が入力されているスライドを左クリックします❶。プレースホルダー内を左クリックし❷、プレースホルダーの外枠を左クリックしてプレースホルダーを選択します❸。

Memo

プレースホルダー全体を選択するには、外枠を左クリックします。プレースホルダー全体が選択されていると、プレースホルダーの外枠に実線が表示されます。

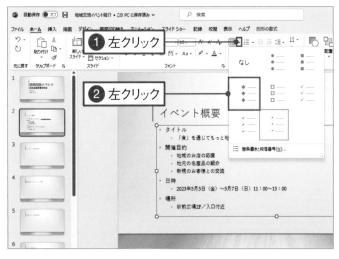

02 記号を選択する

[ホーム]タブの （[箇条書き]ボタン）右側の を左クリックします❶。先頭の記号を選択して左クリックします❷。

Memo

特定の項目の記号を変更するには、対象の項目を選択します。続いて、 （[箇条書き]ボタン）右側の を左クリックして記号を選択します。

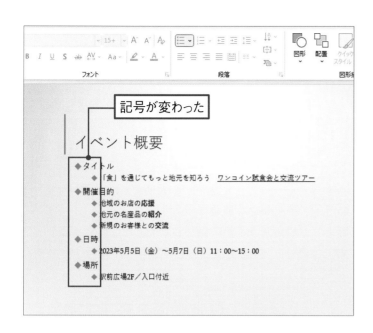

記号が変わった

03 記号が変わった

箇条書きの先頭の記号が変わりました。

Check!

先頭に連番を振る

項目の先頭に連番を振るには、プレースホルダーを選択し❶、[ホーム]タブの ≣▾ ([段落番号]ボタン)を左クリックします❷。すると、番号が表示されます。

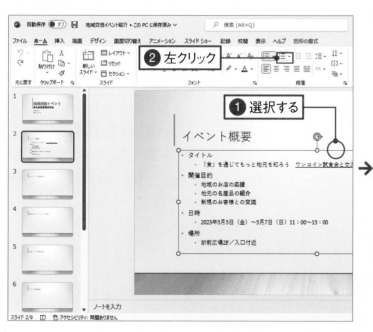

② 左クリック

① 選択する

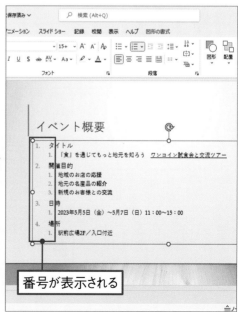

番号が表示される

練習ファイル：03-08a　完成ファイル：03-08b

すべてのスライドに連番や日付を付けよう

すべてのスライドに番号や日付を表示するには、ヘッダーやフッターを設定する画面で指定します。
ここでは、スライドを区別するためにスライド番号という連番を表示します。
表示する内容を指定して、その内容をすべてのスライドに適用します。

01 設定画面を表示する

［挿入］タブを左クリックし❶、📄（［ヘッダーとフッター］ボタン）を左クリックします❷。

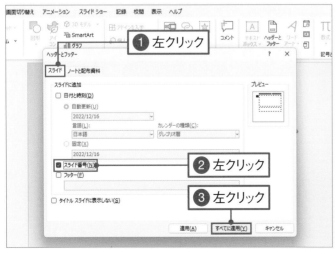

02 表示内容を指定する

［スライド］タブを左クリックし❶、□ スライド番号(N) を左クリックします❷。 すべてに適用(Y) を左クリックします❸。

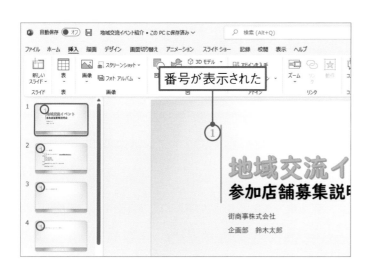

03 番号が表示された

すべてのスライドに、スライド番号が表示されます。スライド番号の位置は、選択しているテーマによって異なります。

Check!

スライドマスターを操作する

スライドマスターとは、すべてのスライドの文字のフォントや大きさ、日付やスライド番号の位置など、スライド全体の書式をまとめて管理する機能です。

[表示]タブの □（[スライドマスター表示]ボタン）を左クリックして❶スライドマスター表示に切り替えて、一番上のスライドマスターを左クリックし❷、スライド内のプレースホルダーの文字の大きさや配置などを変更すると❸、他のスライドレイアウトにも変更が反映されるしくみです。ただし、変更内容によっては、一部のレイアウトには反映されない場合もあります。なお、スライドマスターの編集画面を閉じるには、[スライドマスター]タブの ☒（[マスター表示を閉じる]ボタン）を左クリックします。

第3章 練習問題

1 文字の色を変更するときに左クリックするボタンはどれですか?

① 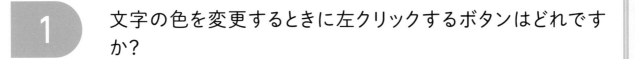 ② ③

2 文字に下線を付けるときに左クリックするボタンはどれですか?

① **B** ② *I* ③ U

3 すべてのスライドに番号を表示したりするときに左クリックするボタンはどれですか?

①  テキストボックス ② ヘッダーとフッター ③ ワードアート

表やグラフを作ろう

この章では、スライドに表やグラフを追加する方法を紹介します。細かい情報を整理して伝えるには、表を使います。数値の大きさや値の推移を伝えるには、グラフを使うとよいでしょう。伝えたい内容をわかりやすく瞬時に伝えられるように工夫しましょう。

表やグラフを作ろう

この章では、 スライドに表やグラフを追加する方法を紹介します。
表やグラフを作成したあとは、 表やグラフが見やすくなるように、 デザインを整えます。
また、 エクセルで作成した表やグラフを利用することもできます。

表を追加する

表の行数や列数を指定して表を追加します。 また、エクセルで作成した表をコピーして貼り付けることもできます。

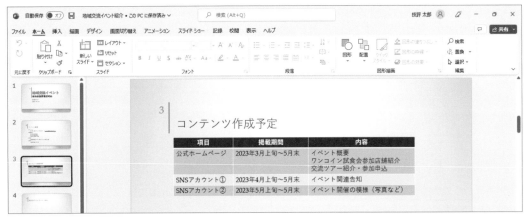

表を作成できる

エクセルで作成した表も利用できる

グラフを追加する

スライドには、さまざまな種類のグラフを追加できます。グラフを追加すると、グラフの土台が表示されます。

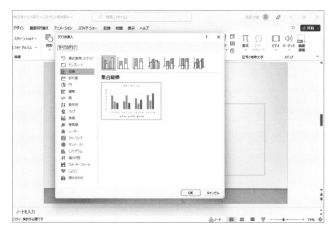

グラフの種類を選べる

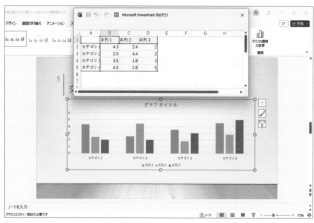

仮のデータが入ったグラフが表示される

グラフの内容を指定する

パワーポイントでは、グラフを作成してからグラフで示すデータの内容を入力します。そのあとは、グラフの外観を整えます。

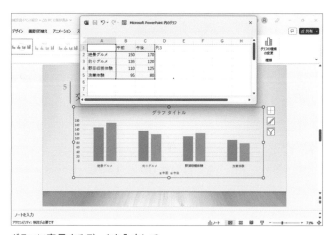

グラフに表示するデータを入力して、

グラフの外観を整える

表を作成しよう

細かい情報を整理してわかりやすく提示するには、 表を利用しましょう。
表の行数や列数を指定して表を追加し、 文字を入力します。
行数や列数は、 あとで追加したり削除したりすることもできます。

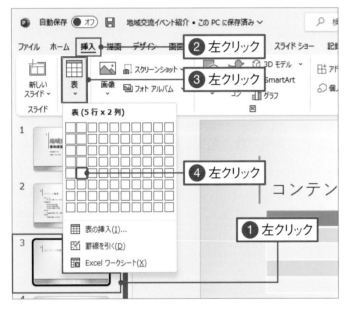

01 表を追加する

表を追加するスライドを左クリックします❶。
[挿入] タブを左クリックします❷。 の 🔲 （ [表の挿入] ボタン） を左クリックします❸。 ここでは、5行2列の表を作成します。 左から2番目、上から5番目のマス目を左クリックします❹。

Memo

コンテンツを入れるプレースホルダーの 🔲 （ [表の挿入] ボタン） を左クリックしても、 表を追加できます。

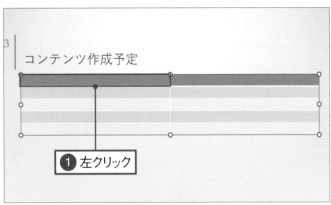

02 表が追加された

表が表示されます。 左上のセルを左クリックします❶。

Memo

表の1つ1つのマス目をセルといいます。

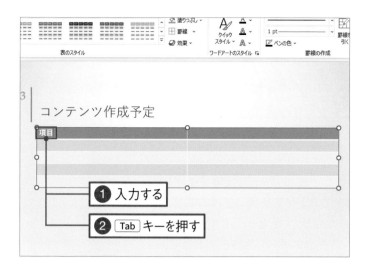

03 文字を入力する

文字を入力します❶。Tab キーを押します
❷。

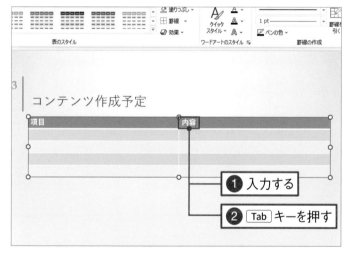

04 続きを入力する

右のセルに文字カーソルが移動します。文字
を入力します❶。Tab キーを押します❷。

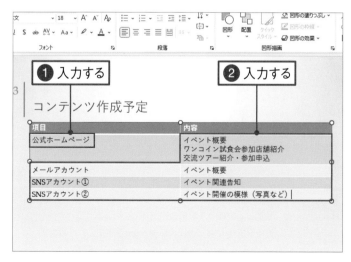

05 文字が入力された

文字を入力します❶。Tab キーを押して文字
カーソルを移動しながら、文字を入力します
❷。

Memo

表の右下隅に文字を入力したあと、Tab キーを押すと新
しい行が追加され、行の左端に文字カーソルが表示され
ます。

練習ファイル ： 04-02a　完成ファイル ： 04-02b

行や列を削除／追加しよう

表の行や列はあとで削除したり追加したりできます。
表を選択すると表示される［レイアウト］タブを使って操作します。
対象の行や列を選択してから操作を指示します。

削除する

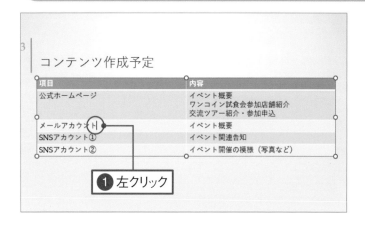

01 削除する箇所を選択する

3行目を削除します。削除したい行や列内の
セルを左クリックします❶。

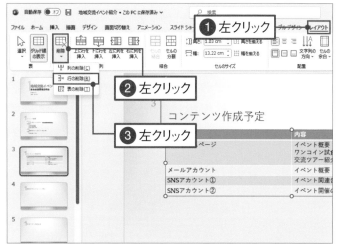

02 行を削除する

［レイアウト］タブを左クリックします❶。
田（［削除］ボタン）を左クリックします❷。
行の削除(R) を左クリックします❸。

> **Memo**
>
> 選択しているセルを含む列を削除する場合は 列の削除(C) 、
> 表全体を削除する場合は 表の削除(T) を左クリックします。

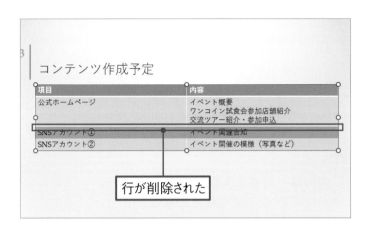

行が削除された

03 行が削除された

選択していた行が削除されます。

追加する

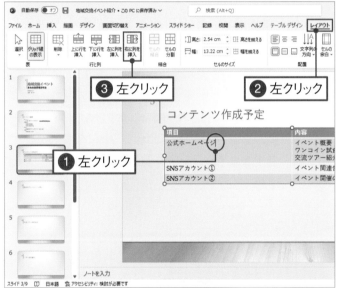

❸ 左クリック　　❷ 左クリック

コンテンツ作成予定

❶ 左クリック

01 列を追加する

左から1列目の右に列を追加します。追加したい行や列に隣接するセルを左クリックします❶。[レイアウト] タブを左クリックします❷。田（[右に列を挿入] ボタン）を左クリックします❸。

> **Memo**
>
> 選択しているセルの左に列を追加する場合は、田（[左に列を挿入] ボタン）を左クリックします。行を追加するには、田（[上の行を挿入] ボタン）や田（[下に行を挿入] ボタン）を左クリックします。

列が追加された

コンテンツ作成予定

項目	掲載期間	内容
公式ホームページ	2023年3月上旬～5月末	イベント概要 ワンコイン試食会参加店舗紹介 交流ツアー紹介・参加申込
SNSアカウント①	2023年4月上旬～5月末	イベント関連告知
SNSアカウント②	2023年5月上旬～5月末	イベント開催の模様（写真など）

❶ 入力する

02 列が追加された

列が追加されました。セルを左クリックして、文字を入力します❶。

練習ファイル : 04-03a　完成ファイル : 04-03b

表の幅を変更しよう

表内の文字の長さに合わせて、表の幅や列幅を調整します。
列の右側境界線部分をドラッグして調整します。ここでは、表全体の幅を少し狭くして、
各列の列幅を、文字の量を見ながら細かく調整します。

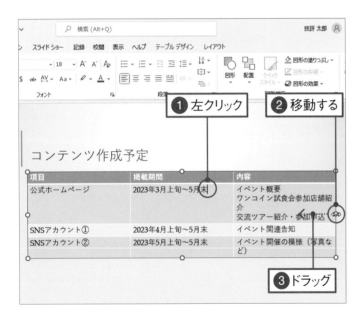

01 表の幅を変更する

表内を左クリックします❶。表が枠で囲まれ、表の大きさを変更するハンドルが表示されます。表の右端の中央にマウスポインターを移動します❷。マウスポインターが ⬌ のように変わります。表の内側に向かってドラッグします❸。

Memo

ハンドルを内側に向かってドラッグすると表が小さくなります。外側に向かってドラッグすると表が大きく広がります。

02 表の幅が変わった

表の幅が小さくなりました。

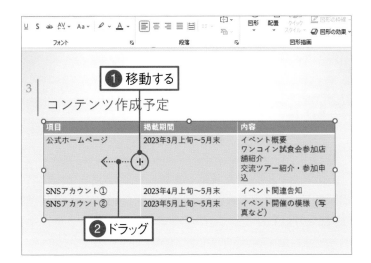

03 列幅を変更する

列幅を変更する列の右境界線部分にマウス
ポインターを移動します❶。マウスポインター
が ⬌ に変わります。列幅を変更する方向に
ドラッグします❷。

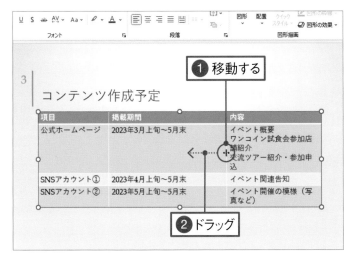

04 他の列幅を変更する

列幅を変更する列の右境界線部分にマウス
ポインターを移動します❶。マウスポインター
が ⬌ に変わります。列幅を変更する方向に
ドラッグします❷。

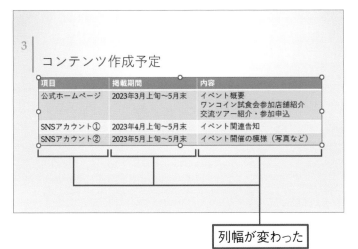

05 列幅が変わった

表の列幅が変更されました。

Memo
行の高さを調整するには、行の下境界線部分を上下にド
ラッグします。

表の見た目を変えよう

表全体のデザインを変更するには、表のスタイル機能を利用しましょう。
背景の色や罫線の色、文字の色などのデザインをまとめて変更できます。
タイトル行を強調したり、1行おきに色を付けたりすることもできます。

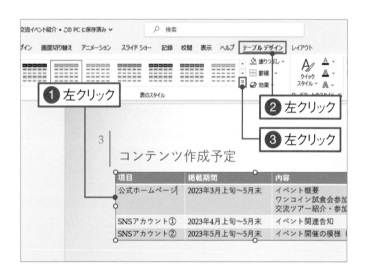

01 スタイルを表示する

表内を左クリックします❶。[テーブルデザイン]タブを左クリックします❷。[表のスタイル]の ▽ [その他] ボタン）を左クリックします❸。

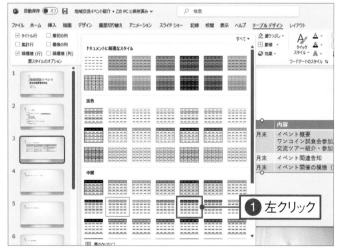

02 スタイルを選択する

スタイルの一覧が表示されます。スタイルを選び、左クリックします❶。

Memo

表のタイトルや集計行などを強調するには、[テーブルデザイン] タブの [表スタイルのオプション] に表示されている ☑タイトル行 などの項目にチェックを付けます。また、☑縞模様(行) にチェックを入れると、一行おきに色を付けたりできます。

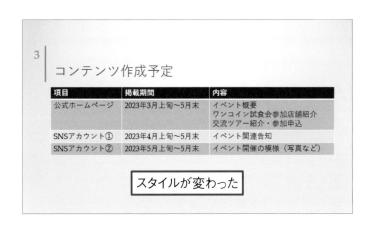

03 スタイルが変わった

指定したスタイルが適用されます。表全体の
デザインが変わりました。

Check!

文字の配置を変更する

見出しの文字の配置を中央に揃えたりするには、見出しのセルの左端を左クリックして選択し❶、[レイアウト] タ
ブの目（[中央揃え] ボタン）を左クリックします❷。

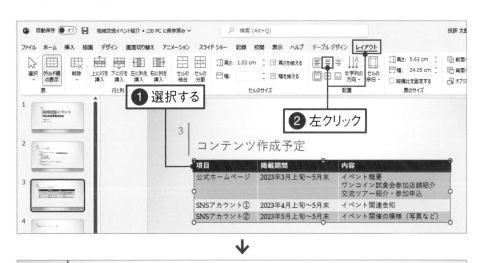

↓

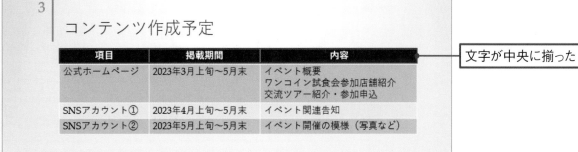

グラフを作成しよう

数値の大きさを比較したり、値の変化を示したりするには、グラフを使うと効果的です。
ここでは、スライドにグラフを追加する方法を知りましょう。
グラフの種類を選択したあと、データを入力して完成させます。

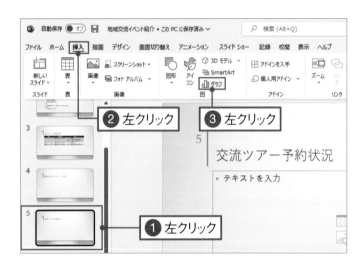

01 グラフを追加する

グラフを追加するスライドを左クリックします❶。
[挿入] タブを左クリックします❷。📊([グラフの追加] ボタン) を左クリックします❸。

> **Memo**
> コンテンツを入れるプレースホルダーの📊([グラフの挿入] ボタン) を左クリックしても、グラフを追加できます。

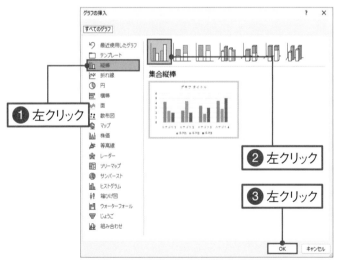

02 グラフの種類を選択する

グラフの種類を選択します。ここでは、📊 縦棒 を左クリックします❶。また、📊 を左クリックします❷。 OK を左クリックします❸。

> **Memo**
> 数値の大きさを比較するには棒グラフ、値の推移を見るには折れ線グラフ、割合を示すには円グラフなど、伝えたい内容に合わせてグラフの種類を選択します。

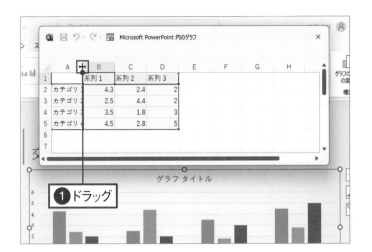

03 グラフが追加される

グラフが追加され、グラフで示す数値を入力する[Microsoft PowerPoint内のグラフ]ウィンドウが表示され、表の内容を指定するシートが表示されます。列幅を調整するには、列番号の右側境界線をドラッグします❶。

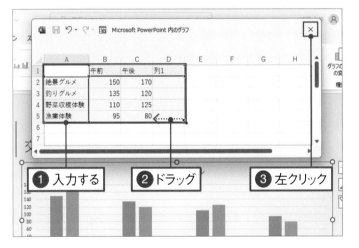

04 見出しや数値を入力する

左のように表の内容を入力します❶。また、表の右下の◢をドラッグして表の右下隅に合わせます❷。✕（[閉じる]ボタン）を左クリックします❸。

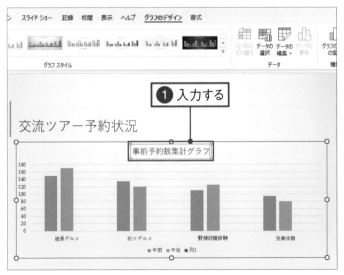

05 グラフが表示された

グラフが表示されます。グラフタイトル内を左クリックし、タイトルを入力します❶。

> **Memo**
> グラフの項目や数値をあとから修正するには、グラフを選択し、[グラフのデザイン]タブの □（[データを編集します]ボタン）を左クリックします。下の[▼]を左クリックすると、上の図と同じウィンドウを表示するか、Excelを利用してデータを編集するか選択できます。

練習ファイル：04-06a　　完成ファイル：04-06b

グラフの見た目を変更しよう

グラフのデザインを変更するには、 グラフスタイルの機能を利用すると便利です。

グラフの背景の色や凡例の位置などを、 まとめて指定できます。

また、 グラフに表示する部品を個別に選択することもできます。

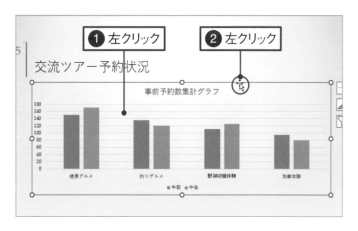

01 グラフを選択する

グラフ内を左クリックし❶、 グラフの外枠部分を左クリックしてグラフ全体を選択します❷。

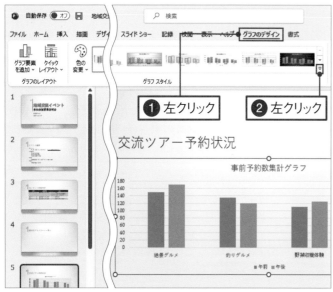

02 スタイルを表示する

［グラフのデザイン］タブを左クリックします❶。
［グラフスタイル］の ▽ （［その他］ボタン）を左クリックします❷。

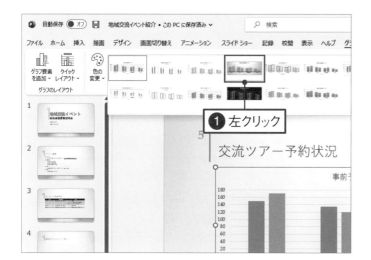

03 スタイルを選択する

スタイルの一覧が表示されます。一覧から気に入ったものを左クリックします❶。

Memo

[グラフのデザイン]タブの （[グラフィックカラー]ボタン）を左クリックすると、グラフの色合いを指定できます。

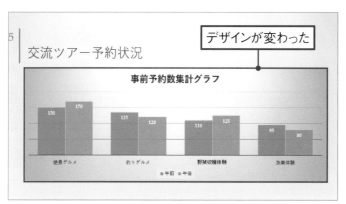

デザインが変わった

04 スタイルが設定された

グラフのスタイルが適用され、デザインが変わりました。

Check!

グラフの要素を追加する

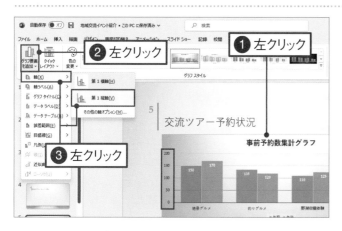

パワーポイントで作成したグラフは、エクセルで作成したグラフと同じような感覚で編集できます。グラフを構成する各要素を追加したり、配置場所を指定するには、グラフを左クリックして選択し❶、[グラフのデザイン]タブの （[グラフ要素を追加]ボタン）を左クリックして指定します❷。たとえば、グラフの縦の軸を表示するには、 軸(X) — 第 1 縦軸(V) を左クリックします❸。

練習ファイル : 04-07a　　完成ファイル : 04-07b

エクセルの表を貼り付けよう

エクセルで作成した表やグラフは、スライドに貼り付けて利用できます。
エクセル側で表やグラフをコピーして、パワーポイントに切り替えて貼り付けます。
スライドに貼り付けたあとは、必要に応じてデザインを整えましょう。

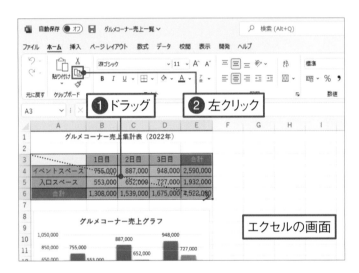

01 表をコピーする

エクセルを起動して、使用する表やグラフを含むファイルを開きます。ここでは、表をドラッグして表全体を選択します❶。[ホーム]タブの （[コピー]ボタン）を左クリックします❷。

> **Memo**
> グラフを貼り付ける場合は、グラフの外枠を左クリックしてグラフ全体を選択したあとに、[ホーム]タブの （[コピー]ボタン）を左クリックします。

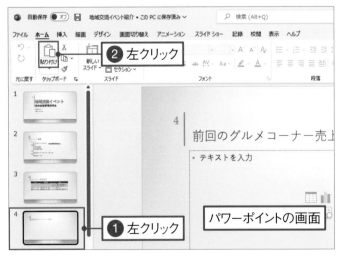

02 表を貼り付ける

パワーポイントに切り替えて、表を貼り付けるスライドを左クリックします❶。[ホーム]タブの （[貼り付け]ボタン）を左クリックします❷。

> **Memo**
> 表やグラフを貼り付けた直後に表示される （[貼り付けのオプション]ボタン）を左クリックすると、貼り付ける形式を選択できます。表とグラフでは、貼り付ける形式が異なるので注意してください

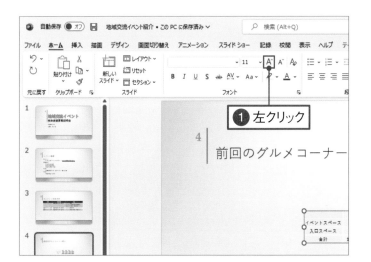

03 表が貼り付いた

表が貼り付きます。表全体が選択されている状態で、[ホーム]タブの A'([フォントサイズの拡大]ボタン)を何度か左クリックして❶、文字の大きさを大きくします。

Memo
70、71ページの方法で、表や列幅を調整します。また、72、73ページの方法で、表の見た目を変更しましょう。

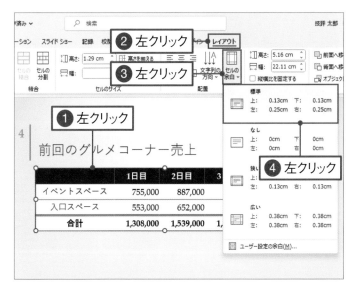

04 セルの余白を指定する

表の外枠を左クリックして❶、表全体を選択します。[レイアウト]タブを左クリックします❷。■([セルの余白]ボタン)を左クリックします❸。余白の大きさを選び、左クリックします❹。

05 セルの余白が変わった

表内のセルの余白が広がりました。

Memo
表の表示位置を変更するには、表の外枠にマウスポインターを移動してドラッグします。

第4章 表やグラフを作ろう

第**4**章 練習問題

1 コンテンツを追加するプレースホルダーに、表を追加するときに左クリックするボタンはどれですか?

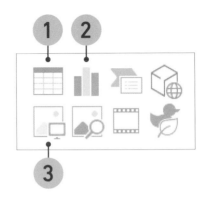

2 左から2列目の列幅を広げて3列目の列幅を狭めるときに、ドラッグする場所はどこですか?

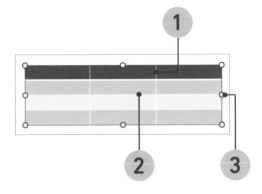

3 グラフを追加するときに左クリックするボタンはどれですか?

1 図形   2 SmartArt   3 グラフ

スライドに入れる図を
作ろう

この章では、スライドに図を追加する方法を紹介します。手順や関係、階層構造などをわかりやすく伝えるには、文章ではなく図を利用すると効果的です。複数の図形を組み合わせて作成する方法や、SmartArtを利用して作成する方法をマスターしましょう。

図形やSmartArtで図を作ろう

この章では、図を作成する2つの方法を紹介します。1つ目は、複数の図形を描いて作る方法です。
2つ目は、SmartArtという機能を利用する方法です。
手順や関係性などをわかりやすく伝えられるように、図を活用しましょう。

図形を組み合わせる

パワーポイントでは、さまざまな種類の図形を描くことができます。複数の図形を組み合わせて、図を作成できます。

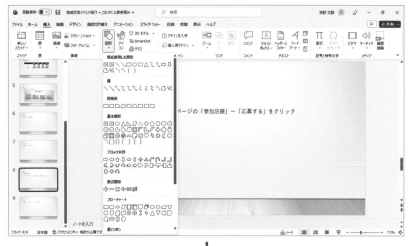

図形の種類を選択できる

↓

図形を組み合わせて図を作成する

SmartArt機能を使う

SmartArtの機能を使うと、一般的によく使われる図を、かんたんに作成できます。図の内容は、箇条書きで項目を入力するだけで指定できます。

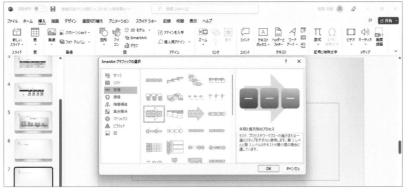

図の種類を選択できる

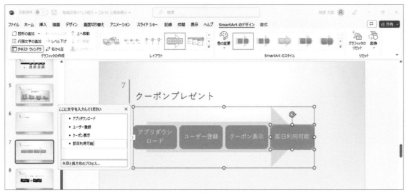

箇条書きで図の内容を指定できる

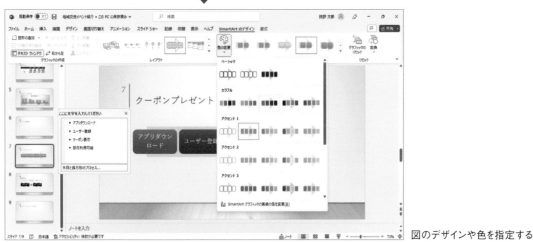

図のデザインや色を指定する

矢印を描こう

パワーポイントでは、さまざまな形の図形をかんたんに描けます。
ここでは、図形の一覧から矢印の図形を選んで描いてみましょう。
矢印の図形では、必要に応じて図形を回転させて、矢印の向きを指定します。

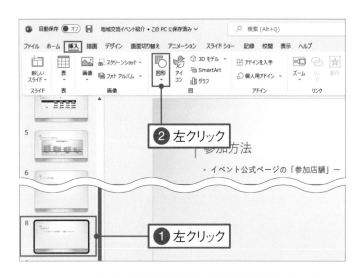

01 スライドを選択する

図形を追加するスライドを左クリックします❶。
[挿入] タブの 🔲（[図形] ボタン）を左クリックします❷。

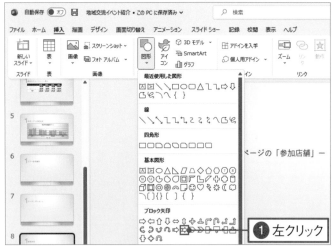

02 矢印の図形を選択する

図形の一覧が表示されます。ここでは、🔽（[矢印：V字型] ボタン）を左クリックします❶。

03 矢印の図形を描く

マウスポインターの形が + になります。図形を描く場所の左上にマウスポインターを移動し、斜め方向にドラッグします❶。

04 矢印の図形が表示された

矢印の図形が表示されました。

Check!

図形を回転する

図形を回転するには、図形を選択すると表示される ⟳ をドラッグします❶。また、図形を選択して［図形の書式］タブの ⌔回転∨ を左クリックし、◁ 上下反転(V) や ⏶ 左右反転(H) を左クリックすると図形を反転させることもできます。

 →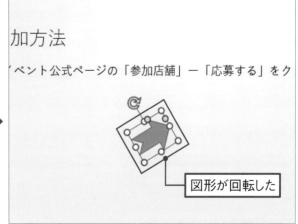

練習ファイル：05-02a　完成ファイル：05-02b

文字入りボックスを描こう

ほとんどの図形は、図形の中に文字を入力できます。
図形を組み合わせて図を作成するときは、図形で示す内容を入力して表示しましょう。
ここでは、「小波」の図形を描いて、図形の中に文字を表示します。

図形を描く

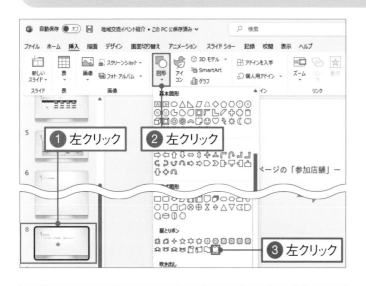

01 図形を選択する

図形を描くスライドを左クリックします❶。［挿入］タブの ⬚（［図形］ボタン）を左クリックします❷。⬚（［小波］ボタン）を左クリックします❸。

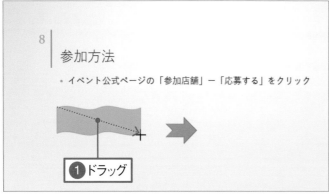

02 図形を描く

マウスポインターの形が ＋ になります。図形を描く場所の左上にマウスポインターを移動し、斜め方向にドラッグします❶。

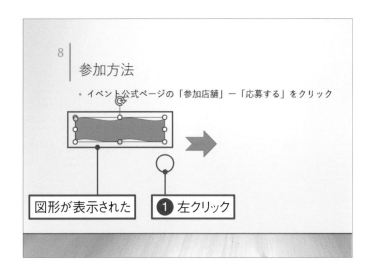

03 図形の選択を解除する

指定した図形が描けました。図形以外の空いているところを左クリックします❶。

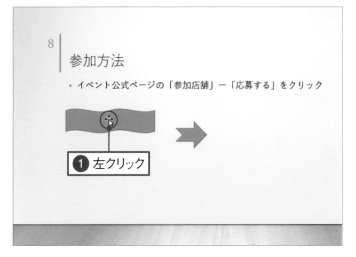

04 図形を選択する

図形にマウスポインターを移動して左クリックします❶。

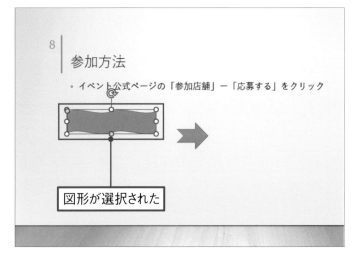

05 図形が選択された

図形の周囲に ⬚ が表示され、図形が選択されました。

文字を入力する

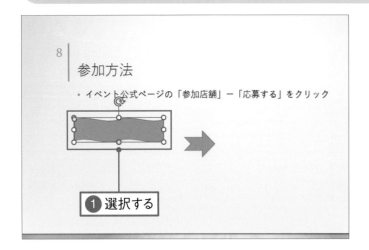

01 図形を選択する

87ページの方法で、文字を入力する図形を選択します❶。

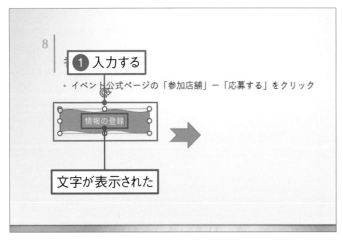

02 文字を入力する

図形を選択した状態で、文字を入力します❶。図形の中に文字が表示されます。

Memo

図形に既に文字が入力されている場合、図形内の文字を左クリックすると、文字カーソルが表示されます。

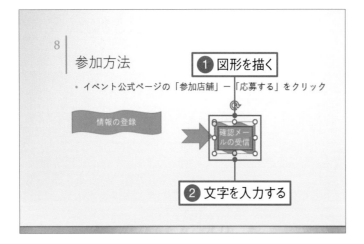

03 もう1つ図形を描く

同じ図形をもう1つ描き❶、文字を入力します❷。

文字の大きさを変更する

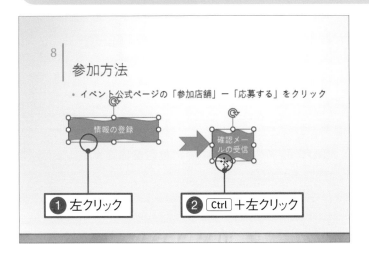

01 図形を選択する

図形の外枠を左クリックして❶、図形全体を選択します。Ctrlキーを押しながら、もう1つの図形の外枠を左クリックして選択します❷。

> **Memo**
> 図形に文字を入力しているときは、図形の周囲に点線の枠が表示されます。図形全体を選択すると、図形の周囲に実線の枠が表示されます。

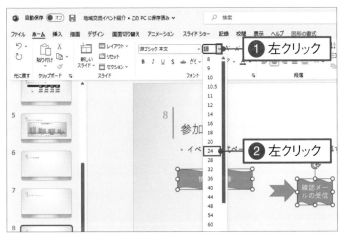

02 文字を大きくする

［ホーム］タブの 18 ▼（［フォントサイズ］ボタン）右側の▼を左クリックします❶。文字の大きさを選び左クリックします❷。

> **Memo**
> ここでは、文字の大きさを「24」ポイントにしています。

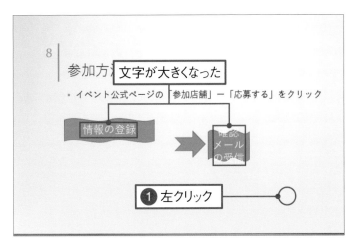

03 文字の大きさが変わった

図形内の文字の大きさが変わりました。図形以外の空いているところを左クリックします❶。

図形のサイズと位置を変えよう

図形のサイズや位置を変更する方法を知りましょう。
ここでは、2つの小波の図形の大きさを揃え、3つの図形の上下の中心の位置を揃えます。
最後に、3つの図形を左右均等に配置します。

図形のサイズを変更する

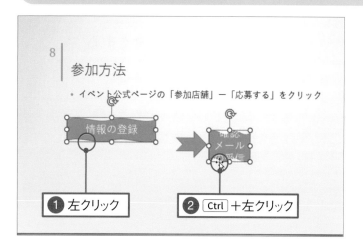

01 図形を選択する

図形の外枠を左クリックします❶。 Ctrl キー
を押しながら、もう1つの図形の外枠を左クリッ
クします❷。

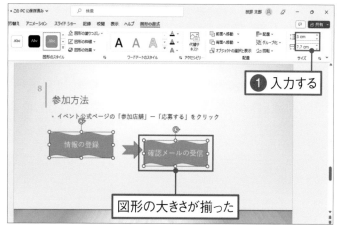

02 図形の大きさを指定する

［図形の書式］タブのサイズ欄に図形の高さ
と幅を入力します❶。図形の大きさが揃いま
す。

図形の位置を揃える

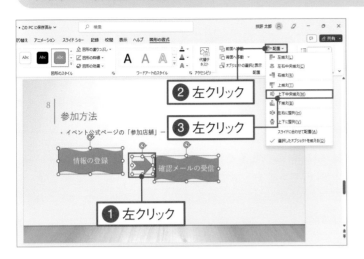

01 上下の位置を揃える

[Ctrl]キーを押しながら、矢印の図形を左クリックして選択します❶。[図形の書式]タブの 配置 ([オブジェクトの配置]ボタン)を左クリックし❷、 上下中央揃え(M) を左クリックします❸。

02 左右の位置を揃える

選択していた図形の上下の中心位置が揃います。続いて、[図形の書式]タブの 配置 ([オブジェクトの配置]ボタン)を左クリックし❶、 左右に整列(H) を左クリックします❷。

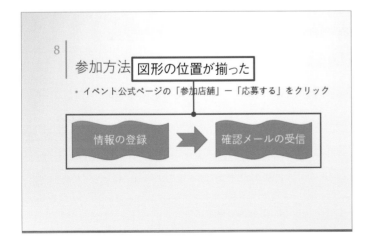

03 図形の位置が揃った

選択していた図形の左右が均等に揃いました。

図形の見た目を変えよう

図形の色や文字の色など、 デザインを変更します。
図形のスタイル機能を利用すると、 さまざまな飾りをまとめて設定できます。
ここでは、 2つの図形を選択し、 デザインをまとめて変更します。

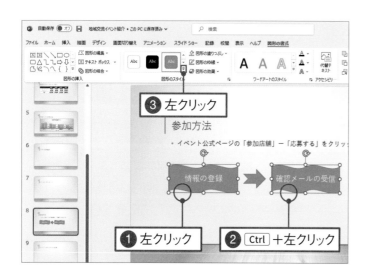

01 図形を選択する

図形の外枠を左クリックします❶。 Ctrl キーを押しながら、 もう1つの図形の外枠部分を左クリックして図形を選択します❷。 [図形の書式] タブの [図形のスタイル] の ▽ ([その他] ボタン) を左クリックします❸。

02 スタイルを選択する

スタイル一覧が表示されます。 気に入ったスタイルを選び左クリックします❶。

> **Memo**
>
> 表示されるスタイル一覧の内容は、 選択しているテーマによって異なります。 また、 パワーポイントのバージョンによっても異なります。

03 矢印の図形を選択する

図形の色などのデザインが変更されました。矢印の図形を左クリックします❶。[図形の書式] タブの [図形のスタイル] の ▽ ([その他] ボタン) を左クリックします❷。

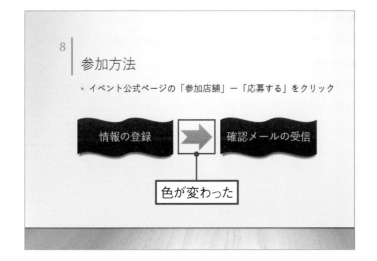

04 スタイルを選択する

スタイル一覧が表示されます。気に入ったスタイルを選び左クリックします❶。

05 スタイルが変わった

矢印の図形の色が変わりました。

Memo

図形を描いたあとに、図形の形を変更するには、図形を選択し、[図形の書式] タブの △図形の編集 ▾ を左クリックし、⥁ 図形の変更(N) ＞ を左クリックします。続いて図形の形を選び左クリックします。

練習ファイル ： 05-05a　完成ファイル ： 05-05b

SmartArtで図を作ろう

SmartArtの機能を使うと、 さまざまなパターンの図を描けます。
作成する図のパターンを一覧から選択し、 図の土台が表示されたら大きさを指定しましょう。
図の内容は、 次のSectionで指定します。

SmartArtを作成する

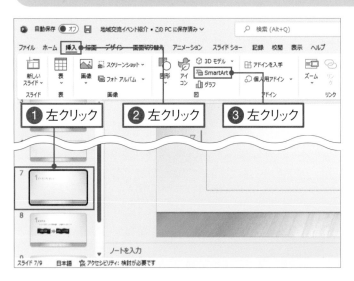

01 SmartArtを挿入する

SmartArtの図を挿入するスライドを左クリックします❶。 [挿入] タブを左クリックします❷。 SmartArt （ [SmartArtグラフィックの挿入] ボタン） を左クリックします❸。

> **Memo**
> コンテンツを入力するプレースホルダーの （ [SmartArtグラフィックの挿入] ボタン） を左クリックしてもSmartArtの図を挿入できます。

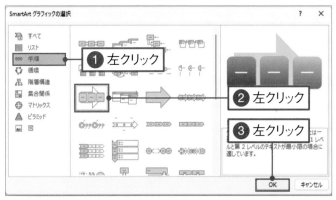

02 レイアウトを選択する

[SmartArtグラフィックの選択] 画面が表示されます。 図の分類を左クリックします❶。 図の種類を左クリックします❷。 OK を左クリックします❸。

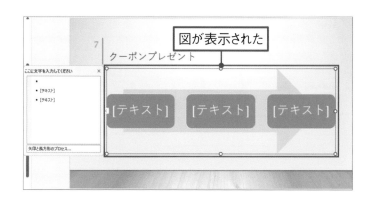

03 SmartArtが表示された

SmartArtの図が表示されます。 SmartArt
には、あらかじめ複数の図形が含まれます。

SmartArtの大きさを変更する

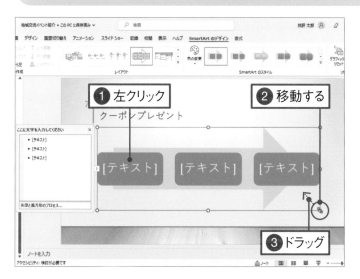

01 SmartArtの大きさを変更する

SmartArtを左クリックします❶。 SmartArt
の周囲に表示されるハンドルにマウスポイン
ターを移動します❷。 マウスポインターの形
が🔲 になります。 ハンドルをドラッグします❸。

Memo

SmartArtの四隅のハンドルをドラッグすると縦横の大きさ
を、左右のハンドルをドラッグすると幅を、上下のハンドル
をドラッグすると高さを変更できます。

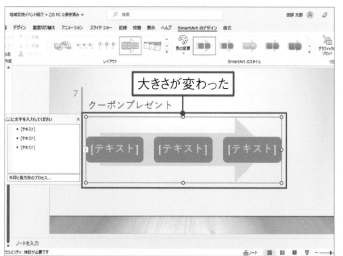

02 大きさが変わった

SmartArtの大きさが変わりました。

Memo

SmartArtを移動するには、SmartArtの外枠部分をドラッ
グします。

SmartArtに文字を入力しよう

練習ファイル：05-06a　完成ファイル：05-06b

SmartArtの図に表示する文字を入力しましょう。
ここでは、テキストウィンドウを使用して文字を入力します。
箇条書きで項目を入力するだけで、図を作成できます。

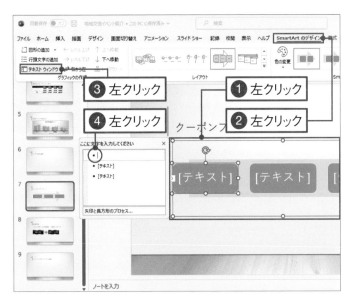

01 テキストウィンドウを表示する

SmartArtを左クリックして選択します❶。
[SmartArtのデザイン] タブを左クリックします❷。 テキストウィンドウ（[テキストウィンドウ]ボタン）を左クリックします❸。 テキストウィンドウが表示されます。 一番上の項目を左クリックします❹。

Memo
テキストウィンドウ（[テキストウィンドウ] ボタン）を左クリックするとテキストウィンドウの表示／非表示が切り替わります。

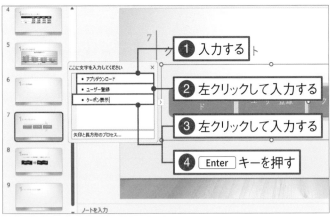

02 文字を入力する

左のように文字を入力します❶。 次の項目を左クリックして文字を入力します❷。 次の項目を左クリックして文字を入力します❸。 Enter キーを押します❹。

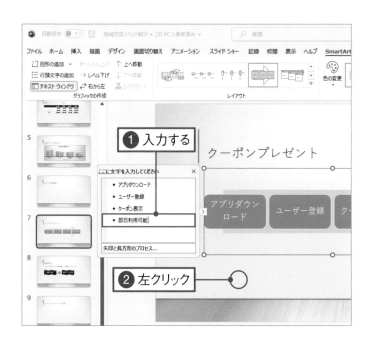

03 続きの文字を入力する

左のように文字を入力します❶。SmartArt以外の箇所を左クリックすると❷、SmartArtの選択が解除されます。

Check!

箇条書きのレベルを設定する

選択したSmartArtによっては、箇条書きの項目にレベルを指定できます。その場合、項目の行頭で [Tab] キーを押すと❶、レベルが下がり下の階層の項目を入力できます❷。行頭で [Shift] + [Tab] キーを押すとレベルが上がります。

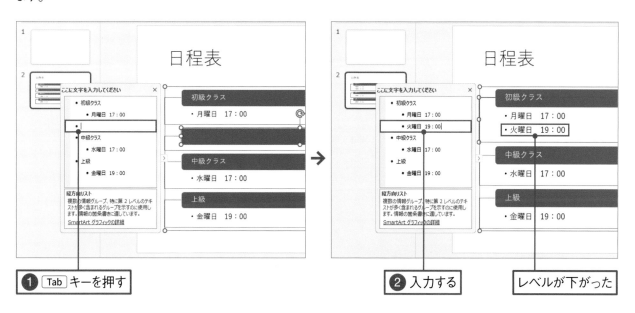

5-7

練習ファイル ：05-07a　完成ファイル ：05-07b

SmartArtの見た目を変えよう

SmartArtの図形の質感や、色などのデザインを変更します。
デザインの一覧から気に入ったものを左クリックするだけで、簡単に変更できます。
ここでは、スタイルを選択したあとで、色を変更します。

スタイルを変更する

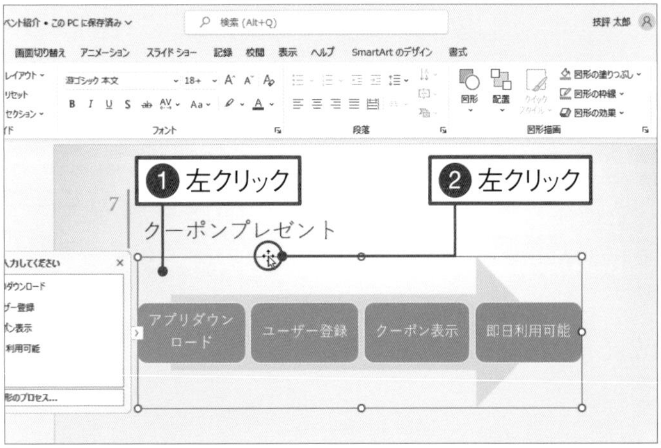

01 SmartArtを選択する

SmartArtを左クリックし❶、外枠部分を左クリックして選択します❷。

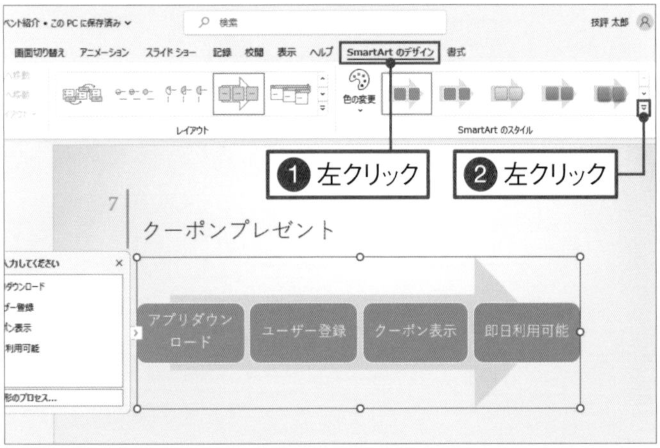

02 スタイル一覧を表示する

［SmartArtのデザイン］タブを左クリックします❶。［SmartArtのスタイル］の ▽（［その他］ボタン）を左クリックします❷。

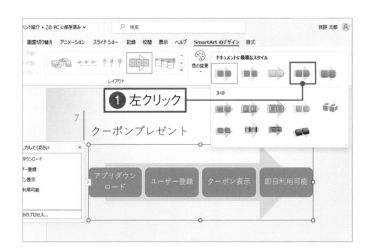

03 スタイルを選択する

スタイルの一覧が表示されます。気に入った
スタイルを選び左クリックします❶。

色合いを変更する

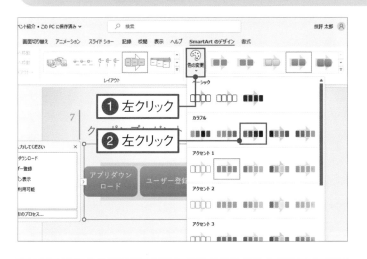

01 色合いを選択する

[SmartArtのデザイン] タブの 🎨（[色の変
更] ボタン）を左クリックします❶。色を選び
左クリックします❷。

02 色合いが変わった

SmartArtのスタイルや色合いが変更されまし
た。

第5章 | 練習問題

1

図形を追加するときに左クリックするボタンはどれですか?

1 　2 　3

2

図形を回転させるときにドラッグする場所はどこですか?

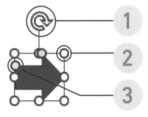

3

SmartArtの図を追加するときに左クリックするボタンはどれですか?

1 　2 　3

イラスト・写真・
動画を利用しよう

この章では、イラストや写真、動画や音などをスライドに入れる方法を紹介します。さまざまな素材をうまく利用すれば、誰が見てもひと目で理解できるわかりやすい資料を作るのに役立ちます。イラストや写真などの基本的な扱い方を知りましょう。

イラストや写真などを追加しよう

この章では、イラストや写真、動画や音を追加する方法を紹介します。
イラストや写真を追加したあとは、大きさや配置を整えましょう。
動画や音声ファイルは再生方法も指定します。追加する素材を準備して操作します。

アイコンを追加する

アイコンの機能を利用して、スライドにアイコンを追加します。パワーポイント2021やMicrosoft 365の
パワーポイントを使用している場合は、ストック画像の機能を利用すると、多彩なイラストも追加できます。

アイコンを選択する

スライドにアイコンを追加する

写真を追加する

商品や場所などのイメージは、写真を使うと一目瞭然です。写真を追加する方法を知りましょう。追加した写真を加工して見栄えを整えます。

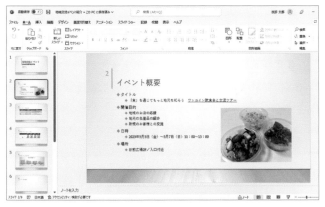

写真を追加する

写真を加工して飾り枠を付ける

動画を追加する

スライドに動画や音を追加する方法を紹介します。動画や音を追加したあとは、その動画や音の再生方法を指定できます。

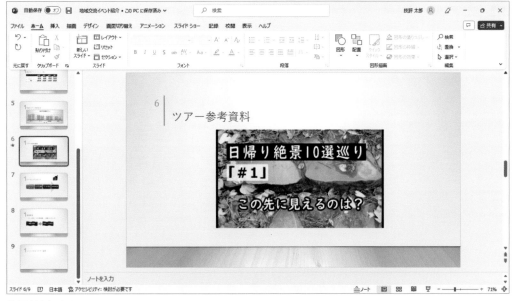

動画を追加する

練習ファイル : 06-01a　完成ファイル : 06-01b

イラストを挿入しよう

伝えたい内容を瞬時にイメージしてもらうには、イラストを使うと効果的です。
ここでは、アイコン機能を利用します。検索キーワードを入力してアイコンを検索します。
スライドの内容に合ったイラストを探してみましょう。

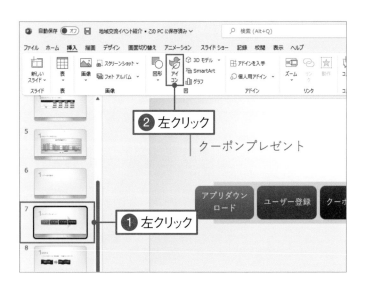

01 アイコンを追加する 準備をする

アイコンを追加するスライドを左クリックします
❶。[挿入]タブの（[アイコンの挿入]ボタン）を左クリックします❷。

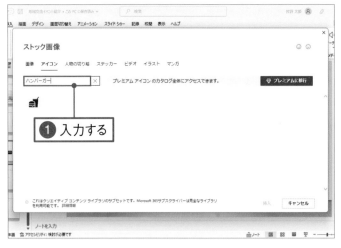

02 アイコンを検索する

アイコンを選択する画面が表示されます。検索キーワードを入力して Enter キーを押します❶。

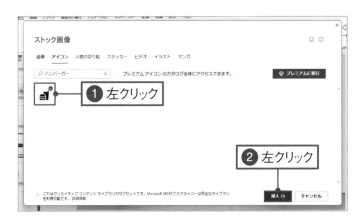

03 アイコンを追加する

追加するアイコンを左クリックします❶。
［挿入(1)］を左クリックします❷。

04 アイコンが表示された

アイコンがスライドの中央に追加されます。

Check!

ストック画像のイラストを利用する

パワーポイント2021やMicrosoft 365のパワーポイントを使用している場合は、ストック画像というイラストや写真の素材集のような機能を利用できます。ストック画像を利用するには、［挿入］タブの🖼（［画像を挿入します］ボタン）を左クリックし、［ストック画像...(S)］を左クリックします。ストック画像の写真やイラストを選択する画面が表示されたら、［イラスト］などの分類を左クリックし❶、追加したいイラストや写真を左クリックして選択し❷、［挿入(1)］を左クリックします❸。

イラストの大きさや配置を変えよう

スライドに追加したアイコンの大きさや配置を整えます。
ここでは、アイコンをスライドの右上に表示します。
アイコンを移動したり大きさを変えたりする際は、マウスポインターの形に注意します。

移動する

❷ ドラッグ

ーポンプレゼント

プリダウンロード　ユーザー登録　ポン表示　即日利用可能

❶ 左クリック

01 アイコンを移動する

アイコンを左クリックして選択します❶。アイコンにマウスポインターを移動し、マウスポインターの形が 🔀 に変わったら移動先に向かってドラッグします❷。

ーポンプレゼント

プリダウンロード　ユーザー登録　クーポン表示　即日利　移動した

02 移動した

アイコンが移動しました。

106

大きさを変更する

01 大きさを指定する

アイコンを左クリックします❶。 アイコンの周囲に ⟨○⟩ のハンドルが表示されます。 ⟨○⟩ にマウスポインターを移動し、 マウスポインターの形が 🖐 になったらドラッグします❷。

> **Memo**
> イラストを小さくするには、イラストの内側に向かってドラッグします。 大きくするには、外側に向かってドラッグします。

02 大きさが変わった

アイコン以外の場所を左クリックします。 アイコンの位置や大きさが変わりました。

Check!

アイコンの色を変更する

アイコンの色合いなどを変更するには、アイコンのスタイルを指定する方法があります。 それには、アイコンを左クリックして選択し❶、 [グラフィックス形式] タブのグラフィックスのスタイルの ▽ ([その他] ボタン) を左クリックし❷、 スタイルを選び左クリックします❸。

 →

写真を貼り付けよう

スライドに写真を追加する方法を紹介します。
ここでは、 あらかじめパソコンに保存しておいた写真を追加します。
写真を使うと、 具体的なイメージを瞬時に伝えられて便利です。

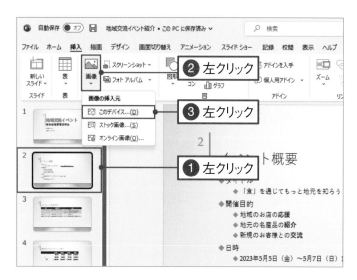

01 写真を追加する準備をする

写真を追加するスライドを左クリックします❶。
[挿入] タブの 🖼 ([画像を挿入します] ボタン) を左クリックし❷、 🔳 このデバイス...(D) を左クリックします❸。

Memo

コンテンツを入れるプレースホルダーに表示されている 🔳 ([図] ボタン) を左クリックしても写真を追加できます。

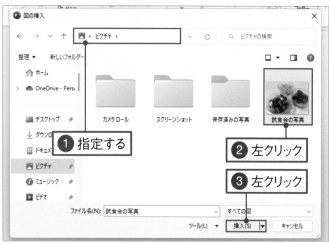

02 写真を選択する

[図の挿入] 画面が表示されます。 写真が保存されている場所を指定します❶。 写真を左クリックします❷。 挿入(S) ▼ を左クリックします❸。

Memo

ここでは、 練習ファイルの 「試食会の写真」 を選択しています。

03 写真が表示された

写真が追加されました。

写真が表示された

Check!

写真や図形などの重ね順を変更する

スライドに写真や図形などを追加すると、追加した順に上に重なって表示されます。重ね順はあとから変更できます。たとえば、写真の上に描いた図形を一番下に移動するには、図形を左クリックして選択し❶、[図形の書式] タブの 背面へ移動 ▼ ([背面へ移動] ボタン) の横の「▼」を左クリックし❷、最背面へ移動(K) を左クリックします❸。

写真を加工しよう

スライドに入れた写真は、 あとからさまざまな加工ができます。
ここでは、 写真の大きさや配置を整えたあと、 写真に飾り枠を付けます。
飾りの種類には、 写真の周囲をぼかすものや、 丸く切り抜くものなどもあります。

写真の大きさを変更する

01 大きさを指定する

写真を左クリックして選択します❶。 写真の
周囲に表示される □ にマウスポインターを移
動します。 マウスポインターの形が になっ
たらドラッグします❷。

02 写真の大きさが変わった

写真の大きさが変わりました。

> **Memo**
>
> 選択した写真を差し替えるには、 [図の形式] タブの
> 図の変更 （[図の変更] ボタン）を左クリックし、 このデバイス...(D)
> を左クリックして写真を選択します。

写真を移動する

02 写真を移動する

写真を移動先に向かってドラッグします❶。

03 写真が移動した

写真以外の場所を左クリックします。写真の
位置が変わりました。

スタイルを設定する

01 写真を選択する

写真を左クリックして選択します❶。

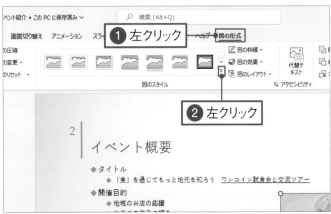

02 スタイル一覧を表示する

[図の形式] タブを左クリックします❶。[図の スタイル] の ▾ ([その他] ボタン) を左クリック します❷。

03 スタイルを選択する

スタイルの一覧が表示されます。スタイルを 選び左クリックします❶。

> **Memo**
> 写真を加工したあとに、さまざまな設定をリセットして元に 戻すには、写真を選択し、[図の形式] タブの [図のリセット ▾] ([図のリセット] ボタン) を左クリックします。写真のサイ ズ変更もリセットするには、[図のリセット ▾] ([図のリセット] ボタ ン) 右側の ▾ を左クリックし、[図とサイズのリセット(S)] を左クリックし ます。

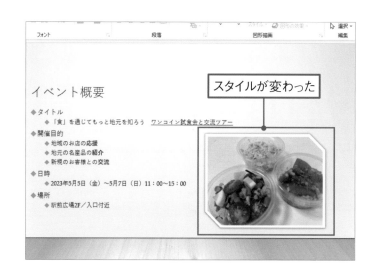

04 スタイルが変更された

スタイルが変更されました。ここでは、写真の周囲に白い枠線が表示されます。

Check!

写真の明るさやコントラストを変更する

写真の明るさやコントラストを変更するには、写真を左クリックして選択し❶、[図の形式]タブの ☀ ([修整]ボタン)を左クリックします❷。明るさやコントラストの組み合わせを選び左クリックします❸。また、🖼 ([色]ボタン)を左クリックすると、写真の色合いを選べます。

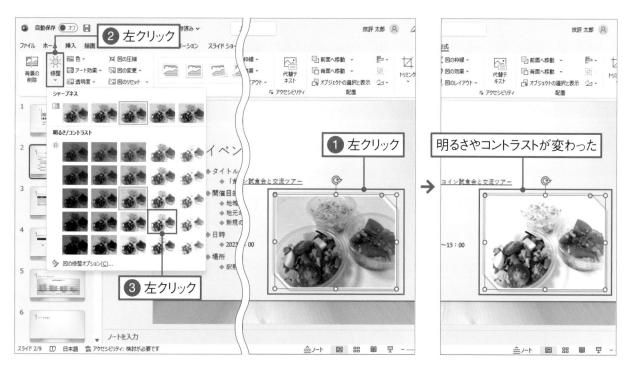

練習ファイル : 06-05a　完成ファイル : 06-05b

動画を貼り付けよう

スライドには、 動画を追加することもできます。
スライドに動画を入れておくと、 プレゼンテーションの途中で動画を再生できます。
ここでは、 あらかじめパソコンに保存しておいた動画を追加します。

動画を貼り付ける

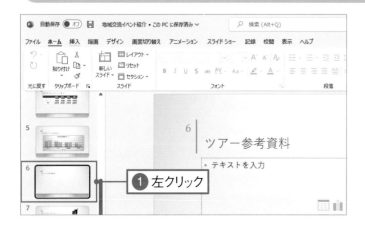

01 スライドを選択する

動画を追加するスライドを左クリックします❶。

02 動画を貼り付ける準備をする

[挿入]タブを左クリックします❶。▭（[ビデオの挿入]ボタン）を左クリックし❷、▭ このデバイス(I)... を左クリックします❸。

> **Memo**
>
> コンテンツを入れるプレースホルダーに表示されている▭（[ビデオの挿入]ボタン）を左クリックしても動画を追加できます。

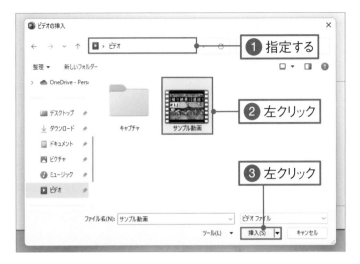

03 動画を選択する

[ビデオの挿入] 画面が表示されます。動画
の保存先を指定します❶。動画を左クリック
します❷。 挿入(S) を左クリックします❸。

Memo

ここでは、練習ファイルの「サンプル動画」を選択してい
ます。

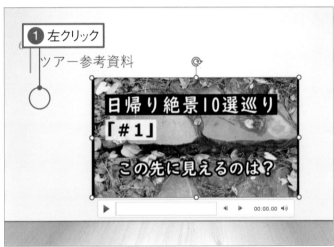

04 動画の選択を解除する

動画のファイルが表示されます。動画以外の
場所を左クリックします❶。

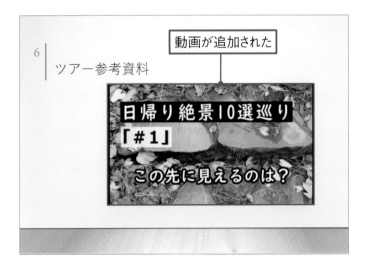

05 動画が追加された

動画がスライドに追加されました。

動画を再生する

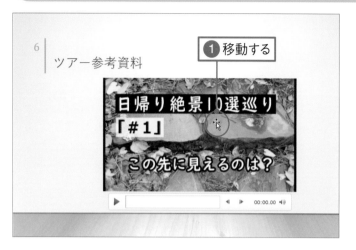

01 再生の準備をする

動画にマウスポインターを移動します❶。すると、▶（［再生／一時停止］ボタン）などが表示されます。

02 動画を再生する

▶（［再生／一時停止］ボタン）を左クリックします❶。

03 動画が再生された

動画が再生されます。

Memo
再生中に❙❙（［再生／一時停止］ボタン）を左クリックすると、再生が停止します。また、◀ ▶を左クリックすると、動画を巻き戻したり進めたりできます。

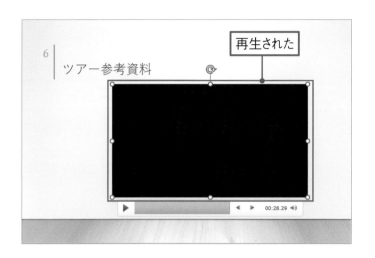

再生された

04 動画の再生が終了した

動画の再生が終了しました。

Memo

プレゼンテーションを実行するときは、スライドショーの表示モードでスライドを表示します。動画を再生するときは、▶（[再生／一時停止]ボタン）を左クリックします。なお、再生方法は、変更することもできます。118、119ページを参照してください。

Check!

ファイルサイズを小さくする

スライドに動画を追加すると、全体のファイルサイズが大きくなります。ファイルサイズを小さくしたい場合は、動画ファイルを圧縮して小さくする方法があります。それには、[ファイル]タブを左クリックし、 情報 を左クリックし①、 ⬚ を左クリックし②、圧縮方法を選択します③。圧縮が完了すると表示される画面で 閉じる を左クリックします④。なお、動画を圧縮することで動画の質が落ちて動画が綺麗に見えなくなることもあるので、注意します。

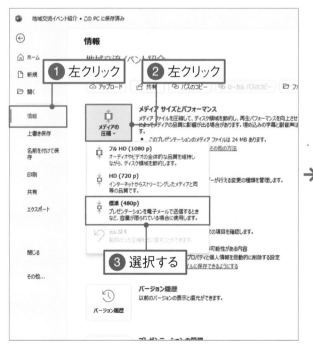

第6章 イラスト・写真・動画を利用しよう

動画の再生方法を指定しよう

動画の音量や再生のタイミングなどの再生方法を指定します。
動画を選択して、 ビデオのオプションの設定で指定しましょう。
ここでは、 動画を再生したあとに、 表紙の画像に戻る設定に変更します。

音量を変更する

01 動画を選択する

動画を左クリックして選択します❶。

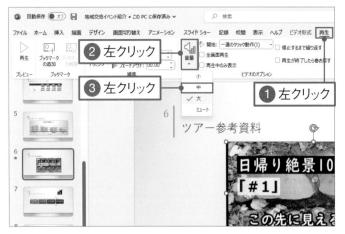

02 音量を変更する

[再生]タブを左クリックします❶。🔊（[音量]
ボタン）を左クリックします❷。 音量を選択し
て左クリックします❸。

その他のオプションを指定する

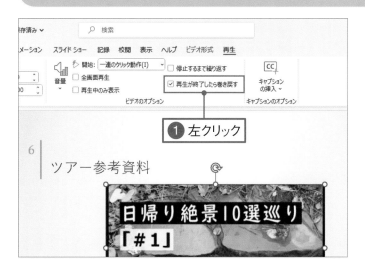

01 再生方法を指定する

［ビデオのオプション］でその他の再生方法を指定します。ここでは、□ 再生が終了したら巻き戻す を左クリックしてチェックを付けます❶。

> **Memo**
> スライドショーでスライドが表示されたときに自動で動画を再生するには、▷ 開始: 一連のクリック動作(I) ▼ を左クリックして 自動(A) を左クリックします。

02 再生する

116ページの方法で動画を再生します。音量を確認します。また、□ 再生が終了したら巻き戻す にチェックが付いていると、再生後に表紙の画像に戻ります。

Check!

全画面で再生する

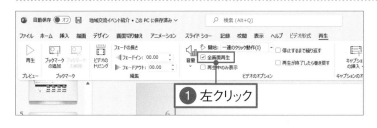

スライドショーを実行して動画を再生するとき、画面いっぱいに大きく再生するには、［ビデオのオプション］の □ 全画面再生 を左クリックします❶。

音声ファイルを貼り付けよう

プレゼンテーションの途中で音楽を再生するには、音声ファイルを貼り付けます。
音声ファイルを貼り付けたあとは、再生方法も指定します。
ここでは、あらかじめパソコンに保存した音声ファイルを貼り付けます。

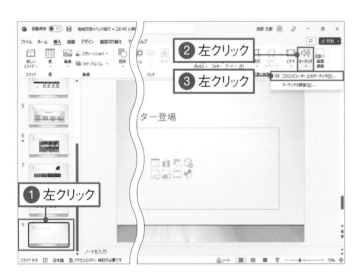

01 音声ファイルを追加する準備をする

音声ファイルを貼るスライドを左クリックします
❶。[挿入]タブを左クリックの ◁)([オーディオの挿入]ボタン)を左クリックし❷、
◁) このコンピューター上のオーディオ(P)... を左クリックします❸。

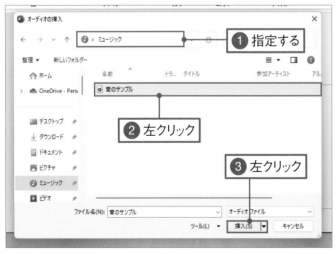

02 音声ファイルを選択する

[オーディオの挿入]画面が表示されます。音声ファイルの保存先を指定します❶。音声ファイルを左クリックします❷。 挿入(S) ▾ を左クリックします❸。

Memo
ここでは、練習ファイルの「音のサンプル」を選択しています。

120

03 音声が追加された

音声ファイルが追加されました。

Memo

音を再生するスピーカーが使用できない場合は、音声ファイルを追加できないので注意します。

04 音声を再生する

▶ を左クリックします❶。すると、音声が再生されます。

Memo

音量を変更するには、[再生]タブの 🔊([音量]ボタン)を左クリックして指定します。

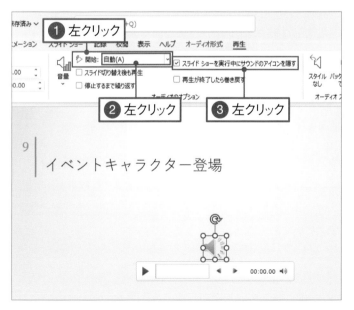

05 再生方法を指定する

[再生]タブの[オーディオオプション]の 開始: 一連のクリック動作(I) を左クリックして❶、 自動(A) を左クリックします❷。 □ スライド ショーを実行中にサウンドのアイコンを隠す を左クリックしてチェックを付けます❸。

Memo

ここでは、スライドを切り替えたときに自動的に音声ファイルが再生されるようにしています。また、スライドショーでは、音声ファイルのアイコンが非表示になるようにしています。

第6章 | 練習問題

1 アイコンを追加するときに左クリックするボタンはどれですか?

1 　　　2 　　　3

2 アイコンの大きさを変更するときにドラッグするところはどこですか?

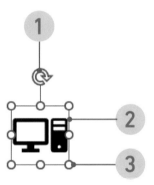

3 パソコンに保存されている写真を追加するときに、[挿入]タブの[画像を挿入します]ボタンを左クリックしたあと、左クリックするところはどこですか?

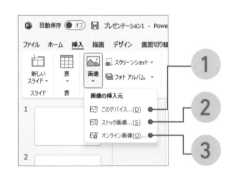

アニメーションを
活用しよう

この章では、プレゼンテーション本番に備えて、画面の切り替え効果やアニメーション効果を紹介します。スライドに動きを付けてプレゼンテーションを演出します。むやみに動きを付けるのではなく、聞き手の関心を引くことができる効果的な動きを付けましょう。

画面切り替え効果と
アニメーション効果を設定しよう

この章では、 画面切り替え効果とアニメーション効果を紹介します。
箇条書きの文字を順に表示したり、 図を構成する図形を順に表示したりする方法を知りましょう。
また、 グラフのデータを順に表示する方法も紹介します。

画面切り替え効果について

画面切り替え効果とは、スライドを切り替えるときに指定するスライドの動きのことです。画面切り替え効果を利用すると、スライドの切り替わりがわかりやすくなります。

画面切り替え効果を選択する

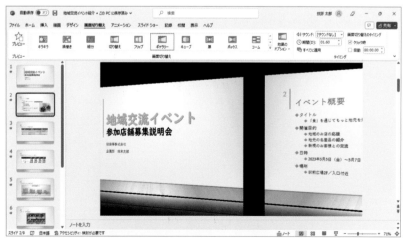

スライドを切り替えるときの動きが設定される

124

アニメーションについて

アニメーション効果とは、スライドの文字や図などの動きを指定するものです。たとえば、どの順番で文字や図などを表示するかを指定できます。聞き手の注意を引き、耳を傾けてもらえるよう工夫します。

文字を順に表示する

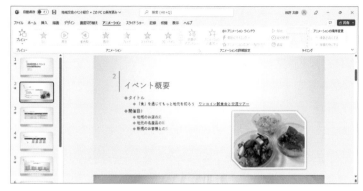

箇条書きの項目を順に表示する

図を順に表示する

図の図形を説明する順に表示する

グラフを順に表示する

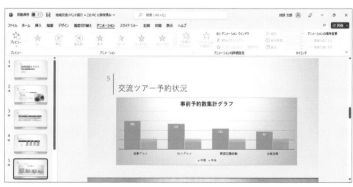

グラフのデータを系列ごとに表示する

練習ファイル : 07-01a　完成ファイル : 07-01b

スライドの切り替え時に動きを付けよう

プレゼンテーションでは、1枚ずつスライドを切り替えながら説明をします。
ここでは、スライドを切り替えたことがはっきりわかるように、切り替え時の動きを指定します。
どのような動きをするかは、プレビュー機能で確認できます。

01 画面切り替え効果の一覧を表示する

画面切り替え効果を設定するスライドを左クリックします❶。[画面切り替え]タブを左クリックします❷。 ⊡ [その他] ボタン) を左クリックします❸。

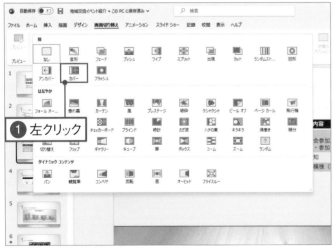

02 切り替え効果を設定する

画面の切り替え効果を選びます。 を左クリックします❶。切り替え時の動きが表示されます。

> **Memo**
> ここでは、スライドが右方向から左方向にずれて表示される動きを設定しています。スライドをずらす方向は、次のページの方法で指定します。

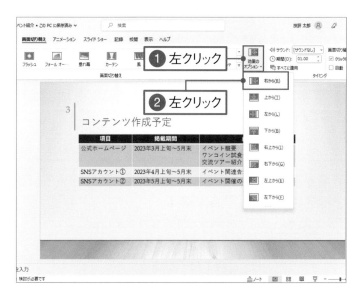

03 詳細を設定する

選択した効果によっては、切り替え時の動きの詳細を指定できます。[効果のオプション] ボタン）を左クリックします❶。動きを選び左クリックします❷。切り替え時の動きが表示されます。

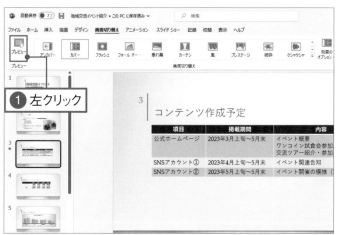

04 動きを確認する

動きが設定されました。（[画面切り替えのプレビュー] ボタン）を左クリックすると❶、動きを確認できます。

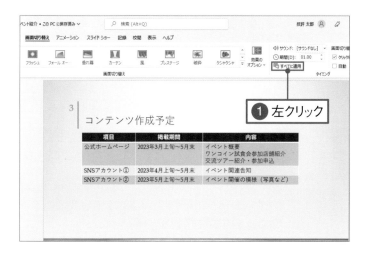

05 すべてのスライドに設定する

同じ画面切り替え効果をすべてのスライドに設定します。（[すべてに適用] ボタン）を左クリックします❶。

第7章 アニメーションを活用しよう

127

文字を順番に表示しよう

箇条書きの項目が順番に表示されるような動きを設定します。
ここでは、項目の文字が左から順に表示されるようにします。
そうすると、先頭から文字が表示されていくため、文字が読みやすくなります。

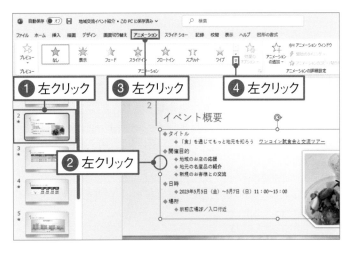

01 アニメーションの一覧を表示する

箇条書き項目が入力されているスライドを左クリックします❶。アニメーション効果を設定するプレースホルダーの外枠部分を左クリックして選択します❷。[アニメーション]タブを左クリックします❸。▽([その他]ボタン)を左クリックします❹。

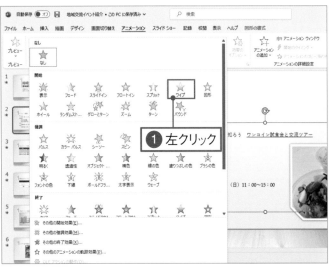

02 動きを選択する

動きを選択します。ここでは、 開始 の ワイプ を左クリックします❶。「開始」のアニメーションは、文字や図形が現れるときの動きです。次ページを参照してください。

> **Memo**
> [ワイプ]とは、文字や図形が端から徐々に表示される動きです。スライドの端から現れるような動きを付けるには、[スライドイン]の動きを指定します。

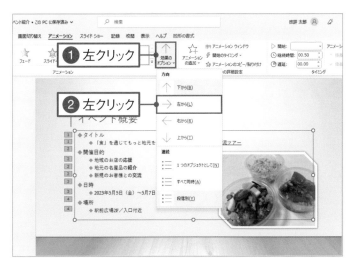

03 動きの方向を指定する

動きの向きを指定します。↑（[効果のオプション] ボタン）を左クリックし①、 → 左から(L) を左クリックします②。

Memo

アニメーションが設定されているスライドを選択し、[アニメーション] タブを左クリックすると、どのような順番でアニメーションが設定されているか文字や図形などの横に番号が表示されます。

最初の項目と下の階層の項目が表示される

04 動きを確認する

☆（[アニメーションのプレビュー] ボタン）を左クリックします①。ここでは、最初の箇条書きのレベル1の項目とその下の階層の項目が表示されたあと、次の箇条書きのレベル1の項目とその下の階層の項目が表示されます。

Memo

プレゼンテーションの本番では、スライドショーの表示モードでスライドを表示します。スライドショーで、アニメーションを動かす方法は、152ページで紹介しています。

Check!

アニメーションの種類について

☆ その他の開始効果(E)...	文字や図形などが登場するときの動きを設定します
☆ その他の強調効果(M)...	文字や図形などを強調するときの動きを設定します
☆ その他の終了効果(X)...	文字や図形などがスライドから消えるときの動きを設定します
☆ その他のアニメーションの軌跡効果(P)...	A地点からB地点まで移動するときの軌跡を設定します

文字や図形を動かしたりするアニメーションには、主に4種類あります。これらの飾りは組み合わせて指定することもできます。動きを追加するには、[アニメーション] タブの ☆（[アニメーションの追加] ボタン）を左クリックして動きを選択します。

グラフにアニメーションを設定しよう

練習ファイル : 07-03a　　完成ファイル : 07-03b

グラフにも、 アニメーション効果を設定できます。
ここでは、 棒グラフの棒がデータ系列ごとに下から徐々に伸びてくる動きを指定します。
アニメーション効果のオプションを表示して指定します。

グラフにアニメーション効果を付ける

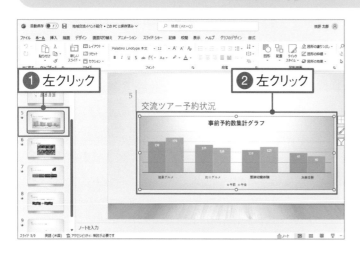

01 グラフを選択する

グラフを追加したスライドを左クリックします
❶。 グラフを左クリックして選択します❷。

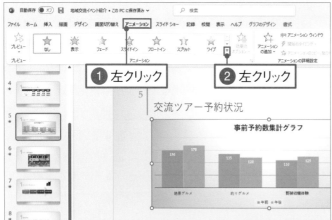

02 アニメーションの一覧を表示する

[アニメーション] タブを左クリックします❶。
▽ ([その他] ボタン) を左クリックします❷。

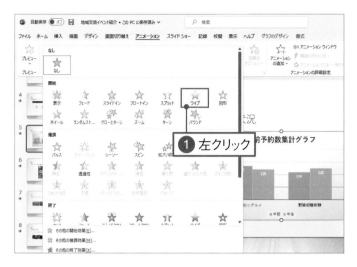

03 動きを選択する

動きを選択します。 開始 の ☆ワイプ を左クリックします**①**。

Memo

［ワイプ］とは、文字や図形が端から徐々に表示される動きです。

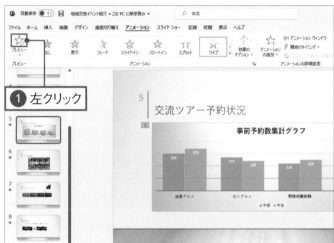

04 動きを確認する

［アニメーション］タブの ☆（［アニメーションのプレビュー］ボタン）を左クリックします**①**。

Memo

アニメーション効果を削除するには、アニメーションが設定されたプレースホルダーや図形などを左クリックし、［アニメーション］タブの［アニメーション］の一覧から ☆ を左クリックします。

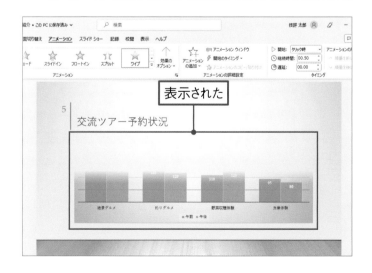

05 プレビューが表示される

アニメーションの動きのイメージが表示されます。グラフが下から徐々に表示されます。

第7章 アニメーションを活用しよう

131

効果のオプションを指定する

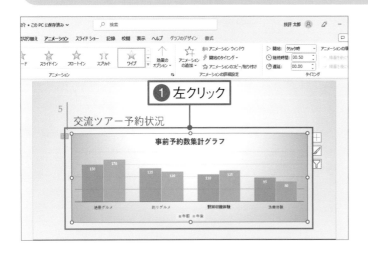

01 グラフを選択する

アニメーション効果を設定したグラフを左クリックして選択します❶。

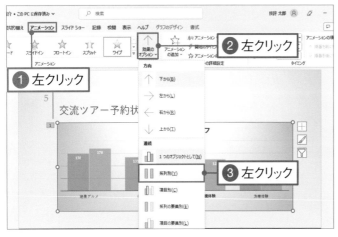

02 効果のオプションを設定する

［アニメーション］タブを左クリックします❶。↑（［効果のオプション］ボタン）を左クリックします❷。 ▌▌ 系列別(Y) を左クリックします❸。

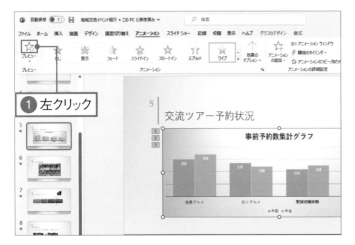

03 動作を確認する

［アニメーション］タブの ☆（［アニメーションのプレビュー］ボタン）を左クリックします❶。

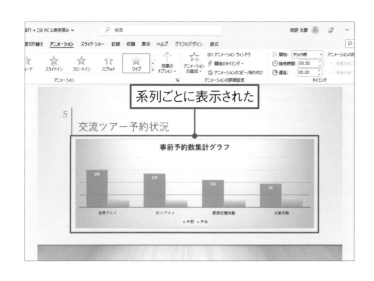

系列ごとに表示された

アニメーションの動きのイメージが表示されます。グラフが系列ごとに下から表示されます。

Check!

表示方法の選択について

グラフにアニメーション効果を設定したあと、効果のオプションでグラフの表示方法を指定できます。指定できる内容は、グラフの種類によって異なりますが、棒グラフの場合、次のものを選択できます。

1つのオブジェクトとして	棒グラフ全体を一度に表示します
系列別	同じデータ系列の棒をまとめて表示します。ここで紹介したグラフの場合、「午前」「午後」の順に表示します
項目別	同じ項目の棒をまとめて表示します。ここで紹介したグラフの場合、「絶景グルメ」「釣りグルメ」・・・の順に表示します
系列の要素別	同じデータ系列の棒を1本ずつ表示します。ここで紹介したグラフの場合、「絶景グルメの午前」「釣りグルメの午前」・・・「野菜収穫体験の午後」「漁業体験の午後」・・・の順に表示します
項目の要素別	同じ項目の棒を1本ずつ表示します。ここで紹介したグラフの場合、「絶景グルメの午前」「絶景グルメの午後」・・・「漁業体験の午前」「漁業体験の午後」・・・の順に表示します

第7章 アニメーションを活用しよう

図を順番に表示しよう

SmartArtの図形を1つずつ順に表示する動きを設定します。
説明に合わせて図形を順に表示することで、聞き手の注目がそれてしまわないようにします。
説明に耳を傾けてもらえるように、アニメーション効果を工夫しましょう。

SmartArtにアニメーション効果を付ける

01 SmartArtを選択する

SmartArtを追加したスライドを左クリックします❶。SmartArtを左クリックして選択します❷。

02 アニメーションの一覧を表示する

[アニメーション]タブを左クリックします❶。▽（[その他]ボタン）を左クリックします❷。

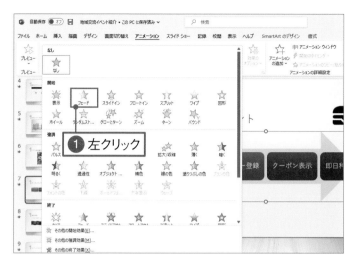

03 動きを選択する

動きを選択します。ここでは、🔯 を左クリックします❶。

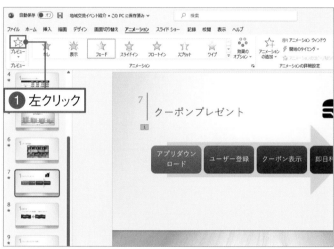

04 動作を確認する

[アニメーション]タブの 🔯 ([アニメーションのプレビュー]ボタン)を左クリックします❶。

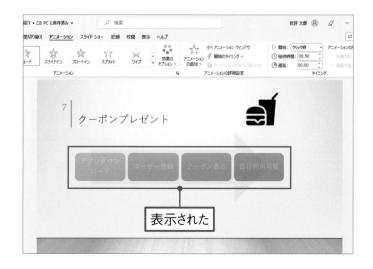

05 プレビューが表示される

アニメーションの動きのイメージが表示されます。SmartArt全体がじわじわと表示されます。

効果のオプションを指定する

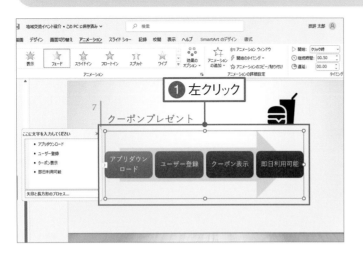

01 SmartArtを選択する

アニメーション効果を設定したSmartArtを左クリックして選択します❶。

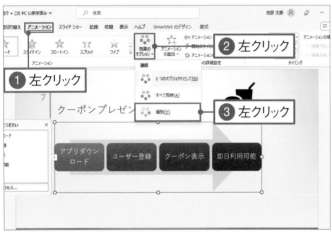

02 効果のオプションを設定する

[アニメーション] タブを左クリックします❶。
（[効果のオプション] ボタン）を左クリックします❷。 を左クリックします❸。

03 動作を確認する

[アニメーション]タブの ☆ （[アニメーションのプレビュー] ボタン）を左クリックします❶。

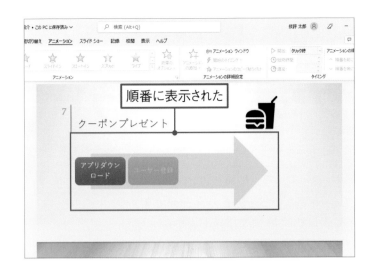

04 プレビューが表示される

アニメーションの動きのイメージが表示されます。図形が1つずつ順にじわじわと表示されます。

Check!

表示方法の選択について

SmartArtにアニメーション効果を設定したあと、効果のオプションでSmartArtの表示方法を指定できます。指定できる内容は、SmartArtの種類によって異なりますが、以下のようなものを選択できます。レベルを設定している場合は(97ページ)、レベルごと表示したりできます。

1つのオブジェクトとして	SmartArt全体を一度に表示します
すべて同時	すべての図形に対して、同じタイミングで表示するアニメーション効果を設定します
個別	「レベル1(A)の図形」「その下の階層の図形」「2つ目のレベル1(B)の図形」「その下の階層の図形」・・・のように1つずつ順に表示します
レベル(一括)	「レベル1の全ての図形」「レベル2の全ての図形」…のようにレベルごと順に表示します
レベル(個別)	「レベル1(A)の図形」「2つ目のレベル1(B)の図形」「レベル1(A)の下の階層の図形」「レベル1(B)の下の階層の図形」・・・のように1つずつ順に表示します

練習ファイル : 07-05a　　完成ファイル : 07-05b

動かすタイミングを指定しよう

アニメーション効果を設定するときは、アニメーションの順番を指定したり、
複数の図形を同じタイミングで動かしたり、などといった動きの指定ができます。
「アニメーションウィンドウ」を表示して、詳細を指定します。

「アニメーションウィンドウ」を表示する

01　ウィンドウを表示する

アニメーション効果が設定されているスライド
を左クリックし❶、［アニメーション］タブを左ク
リックします❷。 アニメーション ウィンドウ （［アニメーショ
ンウィンドウ］ボタン）を左クリックします❸。

02　ウィンドウが表示される

「アニメーションウィンドウ」が表示されます。
 （［内容を拡大］ボタン）を左クリックします
❶。

動きの詳細を指定する

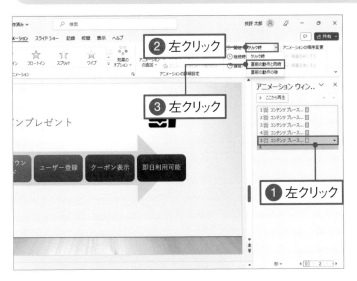

01 動きのタイミングを指定する

5つ目のアニメーション効果の項目を左クリックして選択します❶。[アニメーション]タブの ▷開始: クリック時 ∨ 左クリックし❷、 直前の動作と同時 左クリックします❸。

> **Memo**
>
> ここでは、左から3つ目の図形と4つ目の図形を同時に表示します。5つ目の項目を選択して、アニメーションを動かすタイミングを、直前の動作と同時に指定します。

02 動きを確認する

アニメーションの動きを示す番号が変わりました。[アニメーション]タブの ☆ ([アニメーションのプレビュー] ボタン) を左クリックします❶。

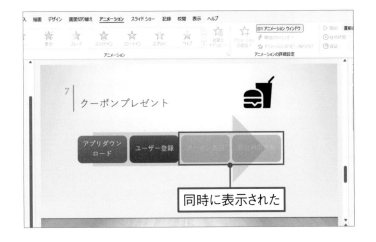

03 プレビューが表示される

プレビューが表示されます。1つ目、2つ目の図形に続き、3つ目と4つ目の図形が同時にじわじわと表示されます。

> **Memo**
>
> 「アニメーションウィンドウ」を閉じるには、「アニメーションウィンドウ」の右上の × を左クリックします。

第 7 章 練習問題

1 スライドの切り替え時の動きを付けるときに使用するタブはどれですか?

   ① 画面切り替え   ② アニメーション   ③ スライド ショー

2 アニメーションの種類の中で、プレゼンテーション実行中に、文字や図形などを登場させるときの動きはどれですか?

   ① 開始   ② 強調   ③ 終了

3 スライドに設定されているアニメーションの一覧を確認するときに左クリックするボタンはどれですか?

   ① プレビュー   ② アニメーションの追加   ③ アニメーション ウィンドウ

8

プレゼンテーションを
実行しよう

この章では、いよいよプレゼンテーションの実行方法
を紹介します。まずは、自分用のメモや、配布資料
を準備します。プレゼンテーション本番では、スライ
ドショーを実行します。スライドショーでのアニメーショ
ンの動作などを確認しましょう。

スライドショーを実行しよう

この章では、プレゼンテーション本番に備えた準備を紹介します。
出席者に配る資料や、発表者用のメモを印刷する方法を知りましょう。
また、本番の前にリハーサルを行い、スライドショーを実行して内容を確認します。

ノートや配布資料を用意する

出席者に配る配布資料を用意します。配布資料は、1枚の用紙にスライドを何枚印刷するかレイアウトを選択します。また、発表者用のメモをノート欄に記入して印刷します。

配布資料

これまでの章で作成したスライドの縮小図を印刷し、配布資料として準備します。右の画像は、1枚の用紙に3つのスライドを印刷するときのレイアウトです。右側にメモ欄が表示されます。

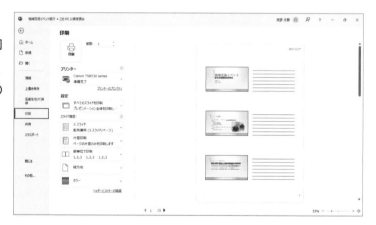

ノート

各スライドのノート欄に、そのスライドで話す内容を入力します。ノートを印刷すると発表者用のメモを準備できます。用紙の上半分にスライド、下半分にそのスライドに関するメモが表示されます。

プレゼンテーションを実行する

リハーサルを行い、各スライドの説明に費やす時間などを確認しましょう。プレゼンテーション本番では、スライドショーを実行して、1枚ずつスライドをめくりながら説明を進めます。発表者だけに表示される発表者ツールを利用することもできます。

リハーサルを行う

リハーサルを開始すると、スライドの隅にタイマーが表示されます。説明に合わせて文字や図を順に表示するアニメーションの動きなどを確認しながら、予定時間内に説明できるよう繰り返し練習します。

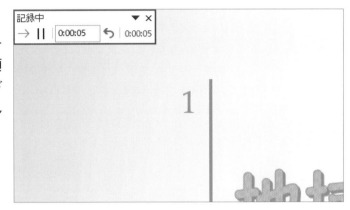

スライドショーを実行する

プレゼンテーション本番では、表示モードを切り替えて、最初のスライドからスライドショーを開始します。リハーサル通りに進められるかどうか、すべてのスライドの内容を確かめながら操作します。

発表者ツールを利用する

パソコンとプロジェクターを接続し、スクリーンにスライドを投影するような場合、スクリーンにはスライドを、パソコン側には発表者にとって便利な画面を表示できます。画面の見方を確認します。

練習ファイル : 08-01a　完成ファイル : 08-01b

ノートを作成しよう

ノートを作成し、 プレゼンテーション発表者用のメモを準備します。
各スライドを表示したときに話す内容を、 ノート欄に入力しましょう。
ノートには、 用紙の上半分にスライドの縮小図、 下半分にメモの内容が印刷されます。

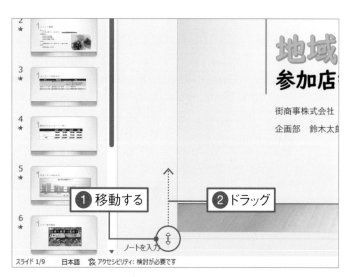

01 ノート欄を表示する

ノート欄を広げて表示します。 ノートとスライドの境界線部分にマウスポインターを移動します❶。 マウスポインターの形が⬍ に変わります。 上方向にドラッグします❷。

> **Memo**
> ノート欄が表示されていない場合、 画面下の ⌂ノート ([ノート] ボタン) を左クリックすると表示されます。 16〜17ページを参照してください。

02 ノート欄が表示された

ノート欄が広がりました。

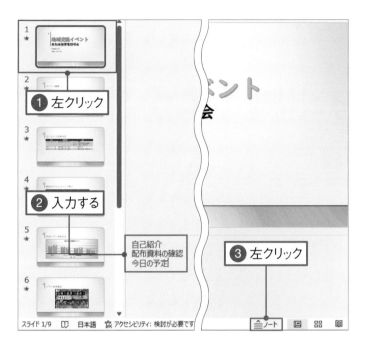

03 内容を入力する

ノートの内容を書くスライドを左クリックします
❶。選択したスライドで話す内容をノート欄に
入力します❷。同様に、その他のスライドを
選択してノートの内容を入力します。画面下
の ≜ノート（[ノート] ボタン）を左クリックします
❸。

> **Memo**
>
> ノートの内容は、文章にせずに箇条書きで書いておくとよ
> いでしょう。文章にすると、プレゼンテーションで聞き手
> に目を向けず、ノートの内容をそのまま読んでしまいがちに
> なるので注意します。

04 ノート欄が閉じた

ノート欄が閉じて、スライドが大きく表示されま
す。

> **Memo**
>
> ノートを印刷する方法は、147ページで紹介しています。

Check!

ノート表示モードについて

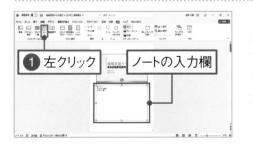

[表示] タブの ▣（[ノート表示] ボタン）を左クリックすると❶、ノート
表示モードになります。この表示モードでは、ノート欄が広く表示され
てノートの内容を入力できます。また、ノートの文字を大きくしたり色を
付けるなど、書式も設定できます。標準表示モードに戻すには、[表
示] タブの ▥（[標準表示] ボタン）を左クリックします。

配布資料を印刷しよう

練習ファイル : 08-02a　　完成ファイル : なし

聞き手に配布する資料を印刷しましょう。 配布資料の印刷パターンは複数用意されています。
1枚の用紙に何枚のスライドを印刷するかを選択してから印刷します。
ここでは、 1ページに3つのスライドを並べて印刷します。

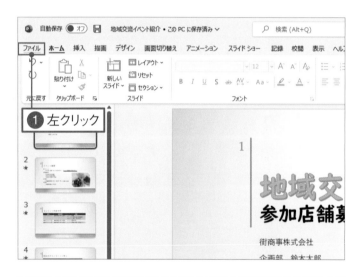

01 印刷イメージを表示する

[ファイル] タブを左クリックします❶。

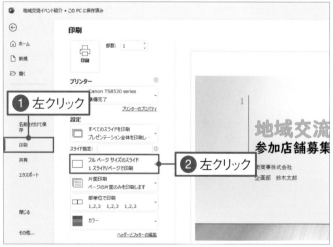

02 印刷パターンを表示する

印刷 を左クリックします❶。 印刷イメージが
表示されます。 フル ページ サイズのスライド 1 スライド/ページで印刷 を左クリックします
❷。

146

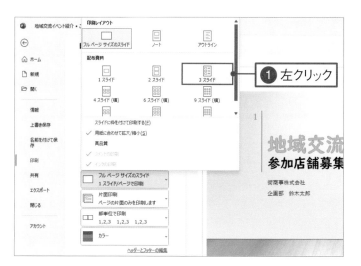

03 印刷パターンを選択する

配布資料の印刷のパターンを選択します。印刷のパターンを選択して左クリックします❶。「3スライド」を選択した場合、用紙の左側にスライドが3枚縦に配置されて、横にメモ欄が表示されます。

04 印刷する

印刷イメージが表示されます。 部数: 1 ☆ に印刷部数を指定します❶。その他の印刷の設定を確認します❷。 🖶 を左クリックすると❸、印刷が実行されます。

> **Memo**
> ◀ 1 /3 ▶ の左右の◀▶を左クリックすると、ページを切り替えられます。

Check!

発表者用のノートを印刷する

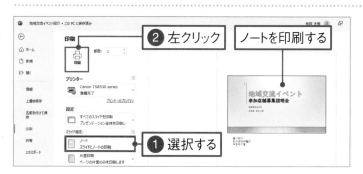

発表者用のノートを印刷するときは、手順 03 で印刷のパターンを選択するときに、印刷レイアウトの 🔲 を選択します❶。すると、スライドの下にノートの内容が表示されるレイアウトが選択されます。 🖶 を左クリックすると❷、印刷が実行されます。

練習ファイル ：08-03a　完成ファイル ：なし

リハーサルを行おう

プレゼンテーションの本番に備えて、リハーサルを行いましょう。
リハーサルでは、本番同様にスライドをめくりながらスライドの内容を説明します。
各スライドの説明に費やす時間や、全体の所要時間などを確認します。

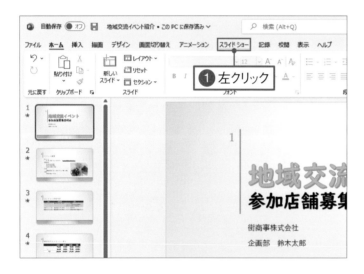

01 タブを切り替える

リハーサルを行う準備をします。[スライドショー] タブを左クリックします❶。

02 リハーサルを開始する

リハーサルを開始します。□（[リハーサル] ボタン）を左クリックします❶。

03 リハーサルを行う

リハーサルが始まります。本番と同じようにスライドの内容を説明します。次のスライドを表示するには、画面上を左クリックします❶。左クリックしてスライドをめくりながらリハーサルを進めていきます。

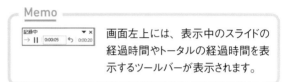

04 リハーサルを終了する

最後のスライドが終了すると、スライドを切り替えるタイミングを保存するかどうかを問うメッセージが表示されます。ここでは、 いいえ(N) を左クリックします❶。すると、リハーサルが終了します。

<u>Check!</u>

リハーサルのタイミングでスライドを自動でめくるには

手順 04 で表示された画面で はい(Y) を左クリックすると、スライドショーを実行したときに、リハーサルのタイミングで自動的にスライドがめくられてしまいます。
この設定を解除して、自分のタイミングで左クリックしたときにスライドをめくるには、[画面切り替え]タブの ☑自動 00:22.77 を左クリックしてチェックを外し❶、すべてに適用 を左クリックします❷。

プロジェクターを設定しよう

パソコンとプロジェクターや大画面モニターなどを接続する手順を紹介します。
パソコン側の設定やパワーポイントの画面を確認しましょう。
自分のパソコンの画面には、発表者ツールの画面を表示します。

プロジェクターと接続する

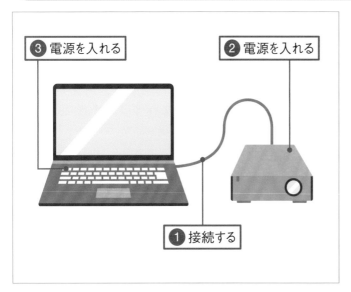

01 プロジェクターに接続する

パソコンとプロジェクターや大画面モニターを接続します❶。プロジェクターの電源を入れ❷、パソコンの電源を入れます❸。すると、自動的にパソコンの画面がプロジェクターやモニターに映ります。

> **Memo**
> プロジェクターに画面が映らない場合は、プロジェクターの「入力切替」や「入力検出」ボタンを押して表示されるかどうか試してみましょう。

02 パソコン側の設定を確認する

パソコンの画面をプロジェクターやモニターにどのように表示するかを選択します。パソコン側で 🔳 ＋ P キーを押します❶。左の画面が表示されたら、「拡張」を左クリックします❷。

パワーポイントの画面について

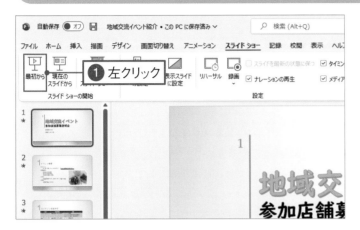

① 左クリック

画面が表示された

01 スライドショーを実行する

［スライドショー］タブの ▣（［先頭から開始］ボタン）を左クリックします❶。

Memo

発表者ツールを使用してプレゼンテーションを行う場合は、前のページの手順❷で「拡張」を選択します。

02 発表者用の画面が 表示される

パソコンの画面には、発表者ツールの画面（P.154参照）が表示されます。プロジェクターやモニター側には、スライドが大きく表示されます。

Memo

パソコンとプロジェクターやモニターを接続したあとは、P.152の方法でプレゼンテーションを実行します。すべてのスライドの内容やアニメーションの動作、音や動画の再生などをチェックしましょう。

Check!

接続端子について

パソコンとプロジェクターやモニターなどを有線で接続する場合は、HDMIやD-Subミニ15ピン（VGA、アナログRGB）、USBなどの接続口などを使用します。パソコン側と、プロジェクターやモニター側にどの接続口がついているかを確認してそれぞれの接続口をケーブルでつなぎます。たとえば、パソコン側とプロジェクターやモニター側にHDMIの接続口が付いている場合、HDMIケーブルで接続します。
また、スピーカー搭載のプロジェクターなどで音声を出力する場合は、お使いの機器の操作マニュアルを参照し、必要に応じてオーディオケーブルなどでパソコンと接続します。

第8章 プレゼンテーションを実行しよう

練習ファイル：08-05a　完成ファイル：なし

プレゼンテーションを実行しよう

プレゼンテーションの本番では、スライドを1枚ずつ順に表示するスライドショーを実行します。
先頭ページからスライドショーを開始してみましょう。
スライドの切り替えの動きや、アニメーションの動作などを確認します。

スライドショーを実行する

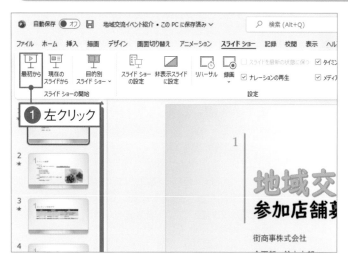

01 スライドショーに切り替える

[スライドショー] タブの ⊞（[先頭から開始]
ボタン）を左クリックします❶。

> **Memo**
> スライドショーとは、スライドを画面いっぱいに大きく表示
> する表示モードです。画面を左クリックすると、スライドが
> 切り替わります。なお、スライドショーを実行したときに黒
> い画面が表示された場合は、154ページを参照してくだ
> さい。

02 スライドショーが実行された

スライドショーが実行されて、1枚目のスライド
が画面いっぱいに大きく表示されます。画面
上を左クリックすると❶、次のスライドに切り
替わります。左クリックするたびにスライドが
切り替わったり、アニメーションが実行された
りします。

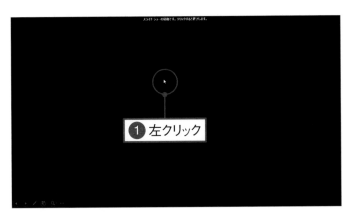

03 スライドショーが終了する

最後のスライドを切り替えると、真っ黒の画面が表示されます。画面上を左クリックします❶。

04 元の画面に戻った

スライドショーを実行する前の画面に戻りました。

元の画面に戻る

Memo

スライドショー実行中に F1 キーを押すと、スライドショー実行中に使用できる機能や、ショートカットキーなどを確認できます。

Check!

スライドショーの実行方法について

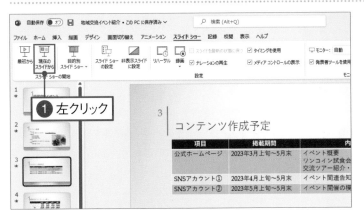

スライドショーの実行方法は、複数あります。たとえば、選択中のスライドからスライドショーを実行して動作を確認したい場合などは、[スライドショー] タブの 🖥 ([このスライドから開始] ボタン) を左クリックします❶。

ただし、非表示スライドを選択した状態で、この方法でスライドショーを実行すると、非表示スライドでも選択したスライドが表示されるので注意してください。

発表者ツールを利用する

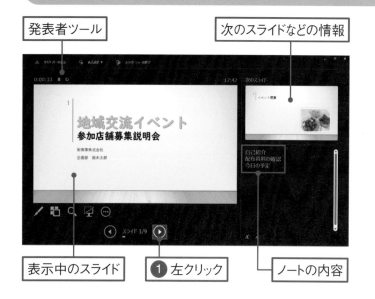

発表者ツール

次のスライドなどの情報

表示中のスライド

1 左クリック

ノートの内容

01 発表者ツールを表示する

パソコンとプロジェクターなどを接続して画面をスクリーンに表示している場合は、スライドショーを実行すると、パソコン画面には発表者ツールの画面が表示されます。発表者ツールでは、ノートや次のスライドの内容、次のアニメーションの動作などを確認しながらスライドショーを実行できます。なお、スクリーン側にはスライドが画面いっぱいに表示されます。
◉（[次のスライドを表示] ボタン）を左クリックします**1**。

Memo
発表者ツールが表示されない場合は、[スライドショー]タブの ☑発表者ツールを使用する にチェックを付けます。

1 左クリック

02 次のスライドに進んだ

次のスライドに進みます。◉（[次のスライドを表示] ボタン）を左クリックして画面を進めていきます**1**。

Memo
プロジェクターなどを接続していない場合で発表者ツールの画面を確認するには、スライドショーの画面で右クリックし、 発表者ツールを表示(R) を左クリックします。

03 最後のスライドが表示される

最後のスライドで左クリックすると左の画面が表示されます。左クリックすると❶、元の画面に戻ります。

Check!

指定のスライドに切り替える

質疑応答などで、特定のスライドに瞬時に切り替えたい場合は、発表者ツールの画面で▦（[すべてのスライドを表示します] ボタン）を左クリックします。すると、スライドの縮小図の一覧が表示されます。表示するスライドを左クリックすると❶、スライドが切り替わります。

Check!

スライドショー形式で保存する

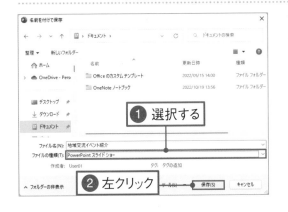

ファイルを保存するときに、[PowerPoint スライドショー] 形式を選択し❶、[保存(S)] を左クリックすると❷、ファイルがスライドショー形式で保存されます。スライドショー形式のファイルは、ダブルクリックするとすぐにスライドショーが開始されますので、スマートにプレゼンテーションを開始できます。スライドショー形式で保存したファイルを編集したい場合は、パワーポイントを起動してから、「ファイル」タブを左クリックし、スライドショー形式で保存したファイルを開きます。

第 8 章 プレゼンテーションを実行しよう

● 練習問題の解答・解説

第1章

1 正解 ①

① のスタートボタンを左クリックすると、スタートメニューが表示されます。スタートメニューの[すべてのアプリ]を左クリックし、パワーポイントの項目を左クリックすると、パワーポイントが起動します。② は、日本語入力モードの状態を確認したりするときに使用します。

2 正解 ③

③ を左クリックすると、パワーポイントが終了します。① を左クリックすると、ファイルが上書き保存されます。1度も保存していないファイルの場合は、保存の画面が表示されます。

3 正解 ①

① のタブを左クリックすると、Backstageビューという画面が表示されます。Backstageビューは、ファイルを開いたり保存したりするなどファイルに関する基本操作を行うときに使用します。② のタブは、よく使用する機能のボタンが並ぶ最も基本的なタブです。③ のタブは、スライドに写真や図形などを追加するときなどに使用します。

第2章

1 正解 ①

新しいスライドを追加するには、[ホーム]タブの ① を左クリックします。② は、スライドのレイアウトを指定します。③ は、スライドのレイアウトの変更をリセットするときに使用します。

2 正解 ②

アウトライン表示で、項目のレベルを下げるには Tab キーを押します。また、項目のレベルを上げるには、 Shift + Tab キーを押します。階層を一番上に上げると、新しいスライドが追加されます。

3 正解 ②

② を左クリックすると、スライド一覧表示モードに切り替わります。① を左クリックすると、標準表示モードとアウトライン表示モードとを切り替えられます。③ は、スライドショーに切り替えます。

第3章

1 正解 ①

文字の色を変更するには、対象の文字を選択し、[ホーム]タブの ① の右側の▼を左クリックして色を選択します。文字を選択して ② を左クリックすると、文字に設定されている書式が解除されます。文字が入力されているプレースホルダーを選択して ③ を左クリックすると、文字の大きさの違いを保ったまま文字を少しずつ大きくします。

2 正解 ③

文字に下線を付けるには、文字を選択し、[ホーム]タブの ③ を左クリックします。① は文字を太字にし、② は文字を斜体にします。

3 正解 ②

スライドや配布資料などに番号や日付を表示するには、[挿入]タブの ② を左クリックします。① は、テキストを入力する図形を追加します。③ は、派手な飾りを付けた文字の図形を追加します。

第4章

1 正解 ①

コンテンツを追加するプレースホルダーの ① を左クリックし、表の列数と行数を指定すると、表を追加できます。② を左クリックすると、グラフを追加します。③ を左クリックすると写真を追加できます。

2 正解 ①

① の列の境界線部分を右にドラッグすると、左から2列目の列幅が広がって3列目の列幅が狭くなります。③ をドラッグすると、表の幅を変更できます。② の行の境界線部分を上下にドラッグすると、行の高さが変わります。

3 正解 ③

グラフを追加するには、[挿入]タブの ③ を左クリックし、追加するグラフの種類を選択します。① は、図形を追加します。

第5章

1 正解 ①

図形を描くには、[挿入] タブの ① を左クリックし、図形の種類を左クリックし、スライド内をドラッグします。

2 正解 ①

図形を回転させるには、図形を左クリックして ① をドラッグします。③ の黄色いハンドルをドラッグすると、図形の形が変わります。② をドラッグすると、図形の大きさを変更できます。

3 正解 ③

SmartArt の図を追加するには、[挿入] タブの ③ を左クリックし、描きたい図の種類を選択します。

第6章

1 正解 ②

スライドにアイコンを追加するときは、[挿入] タブの ② を左クリックし、追加するアイコンを選択します。③ を左クリックすると、SmartArt の図を追加できます。

2 正解 ③

アイコンの大きさを変更するときは、アイコンを左クリックして選択し、周囲に表示される ③ のハンドルをドラッグします。① をドラッグすると、アイコンが回転します。② のアイコンの外枠をドラッグすると、アイコンが移動します。

3 正解 ①

[挿入] タブの [画像を挿入します] ボタンを左クリックし、① を左クリックすると、写真を選択する画面が表示されます。写真の保存先と写真を指定して写真を追加できます。② は、ストック画像という素材集のような機能を利用してイラストや写真を追加します。③ は、インターネット上のイラストや写真を検索します。

第7章

1 正解 ①

スライドショーでスライドを切り替えるときの動きを指定するには、① のタブを使用します。② のタブは、文字や図形を表示したり動かしたりするアニメーションを設定するときに使用します。③ のタブは、スライドショーに関する内容を指定するときに使います。

2 正解 ①

アニメーションには、いくつかの種類があります。① は、文字や図形をスライドに登場させる動きを設定します。② は、文字や図形を強調するときの動きを設定します。③ は、文字や図形をスライドから消すときの動きを設定します。

3 正解 ③

スライドに設定されているアニメーションの一覧を確認するには、[アニメーション] タブの ③ を左クリックしてアニメーションウィンドウを表示します。① は、アニメーションの動きを確認するときに使用します。② は、選択している図形などにアニメーションの動きを追加するときに使用します。

Index

英

Backstage ビュー 18
OneDrive 17
SmartArt 94,134
Windows 14

あ

アイコン 104
アウトライン 34
新しいプレゼンテーション 15
アニメーション 128
イラスト 104
印刷 146
上書き保存 17
エクセル 78
閲覧表示 17
オーディオ 120
音声ファイル 120

か

加工 110
重ね順 109
飾り 54
箇条書き 32,58,97
下線 55
画面切り替え 126
完成ファイル 4
起動 14

行 68
クイックアクセスツールバー 17
グラフ 74,130
グラフの要素 77
経過時間 149
構成 35

さ

再生 114,121
サンプル 4
実行方法 153
自動 149
写真 108
終了 15
書式のコピー 53
図形 84
スタイル 56,72,76
ストック画像 105
スピーカー 151
スライド 12,24,126
スライド一覧 17
スライドショー 17,152
スライドショー形式 155
スライドの削除 40
スライドの順序 38
スライドの追加 28
スライドの非表示 41
スライドペイン 17
スライドレイアウト 29

接続端子 151
挿入 104

た

タイトル 26
タイトルバー 17
タブ 17
テーマ 46
デザイン 46
動画 114
［閉じる］ボタン 17

な

ノート 17,144,147

は

配布資料 146
パソコンの画面 150
発表者ツール 151,154
バリエーション 48
パワーポイント 14
パワーポイントの画面 16
ビデオ 114
表 66
表示モード 25,34
標準 17
開く 20
ファイル 18,20
フォント 50

太字 54
プレースホルダー 17,26
プレゼンテーション 13,152
プロジェクター 150
保存 18,155
ボックス 86

ま

マイクロソフトアカウント 17
マウスポインター 17
文字 26,30,50,88
元に戻す 31
モニター 150

や

矢印 84
ユーザーアカウント 17

ら

リハーサル 148
リボン 17
列 68
練習ファイル 4
連番 59

わ

ワードアート 57

■問い合わせについて

本書の内容に関するご質問は、下記の宛先までFAXまたは
書面にてお送りください。なお電話によるご質問、および本書
に記載されている内容以外の事柄に関するご質問にはお答え
できかねます。あらかじめご了承ください。

〒162-0846
新宿区市谷左内町21-13
株式会社技術評論社　書籍編集部
「これからはじめる　パワーポイントの本
[Office 2021/2019/Microsoft 365 対応版]」
質問係
FAX番号　03-3513-6167
URL　https://book.gihyo.jp/116

なお、ご質問の際に記載いただいた個人情報は、ご質問の返答以外の
目的には使用いたしません。また、ご質問の返答後は速やかに破棄させ
ていただきます。

カバーデザイン	田邊恵里香
本文デザイン	ライラック
DTP	リンクアップ
編集	青木 宏治

これからはじめる　パワーポイントの本
［Office 2021/2019/Microsoft 365 対応版］

2023年6月2日　初版　第1刷発行

著者	門脇　香奈子（かどわき　かなこ）
発行者	片岡　巌
発行所	株式会社技術評論社
	東京都新宿区市谷左内町21-13
	電話　03-3513-6150　販売促進部
	03-3513-6160　書籍編集部
印刷／製本	大日本印刷株式会社

定価はカバーに表示してあります。

ISBN978-4-297-13491-4 C3055
Printed in Japan